权威·前沿·原创

皮书系列为
"十二五""十三五""十四五"国家重点图书出版规划项目

BLUE BOOK

湖南创新发展蓝皮书

BLUE BOOK OF INNOVATION DEVELOPMENT IN HUNAN

2021年湖南科技创新发展报告

ANNUAL REPORT ON SCIENTIFIC AND TECHNOLOGICAL INNOVATION
DEVELOPMENT IN HUNAN(2021)

主　编 / 湖南省科学技术厅

社会科学文献出版社
SOCIAL SCIENCES ACADEMIC PRESS (CHINA)

图书在版编目（CIP）数据

2021年湖南科技创新发展报告／湖南省科学技术厅
主编．－－北京：社会科学文献出版社，2022.3
　（湖南创新发展蓝皮书）
ISBN 978 - 7 - 5201 - 9388 - 7

Ⅰ.①2…　Ⅱ.①湖…　Ⅲ.①科学研究事业－研究报
告－湖南－2021　Ⅳ.①G322.764

中国版本图书馆CIP数据核字（2021）第232453号

湖南创新发展蓝皮书
2021年湖南科技创新发展报告

主　　编／湖南省科学技术厅

出　版　人／王利民
组稿编辑／邓泳红
责任编辑／吴　敏
文稿编辑／吴云苓
责任印制／王京美

出　　版／社会科学文献出版社·皮书出版分社（010）59367127
　　　　　　地址：北京市北三环中路甲29号院华龙大厦　邮编：100029
　　　　　　网址：www.ssap.com.cn
发　　行／社会科学文献出版社（010）59367028
印　　装／天津千鹤文化传播有限公司

规　　格／开本：787mm×1092mm　1/16
　　　　　　印张：18.25　字数：270千字
版　　次／2022年3月第1版　2022年3月第1次印刷
书　　号／ISBN 978 - 7 - 5201 - 9388 - 7
定　　价／158.00元

读者服务电话：4008918866

湖南创新发展蓝皮书编辑委员会

湖南创新发展蓝皮书编辑部

主要编撰者简介

李志坚 湖南省科学技术厅党组书记、厅长，管理学博士。先后在原湖南省机械行业管理办、湖南省工业和信息化厅等部门以及怀化、岳阳等地市任职。在综合保税区建设、供给侧结构性改革、淘汰落后产能、事业单位改革、机关党建与组织人事等方面进行了丰富的实践探索，主持编制起草湖南推动国家重要先进制造业高地建设"1+20+9"规划、工业新兴优势产业链人才队伍建设若干措施等多项规划和政策文件，在国内、省内主流刊物上发表署名文章十余篇。

贺修铭 湖南省科学技术厅党组副书记、副厅长，理学博士，经济学教授。先后在武汉大学、湖北宜昌县委、湖南师范大学、益阳市赫山区委、益阳市委工作，理论水平高，实践经验丰富。主要研究方向为科技管理、政治经济学等。

刘铁兵 湖南省科学技术厅二级巡视员，工学硕士，副研究员。主要研究方向为科技发展战略、高新技术发展及产业化、农业科技创新等。

摘　要

　　本书是由湖南省科学技术厅组织编写的年度性报告，围绕学习贯彻习近平总书记关于科技创新的重要论述和对湖南重要讲话重要指示批示精神，全面回顾和总结2020年及"十三五"时期湖南各地各部门各行业领域实施创新驱动发展战略的进展成效，展望"十四五"时期及2021年全省科技创新面临的形势要求以及总体思路、关键举措和政策建议，凝聚广泛共识，奋力打造具有核心竞争力的科技创新高地。

　　本书包括主题报告、总报告、专题篇、评价篇、案例篇、调研篇和附录七部分。主题报告是湖南省委、省政府领导关于全面落实"三高四新"战略定位和使命任务、打造具有核心竞争力的科技创新高地的思考、论述；总报告是湖南省科学技术厅党组书记、厅长李志坚对2020年和"十三五"时期湖南科技创新情况的总结分析，以及"十四五"时期的展望和2021年的工作部署；专题篇是相关职能部门围绕制造业创新、农业科技发展、创新战略规划、金融科技创新、创新人才培养、林业科技创新等方面的调研和分析研判；评价篇围绕湖南省区域科技创新能力、高新区创新发展绩效以及科技企业孵化器和众创空间进行综合性评价并提出政策建议；案例篇围绕区域科技创新中心建设、文化产业与科技融合创新、科技创新生态体系构建、高新区高质量发展、科技助力乡村振兴、老工业区实现高质量转型等进行分析和经验归纳；调研篇是专家学者立足湖南科技创新实际，在基础研究、工程机械、学科交叉融合创新、现代种业发展、量子科技发展、创新发展策略、智能装备制造、新发展阶段科技创新等方面的调研和政策建议；附录全面呈现了 2020 年湖南科技创新领域的重大事件。

关键词： 科技创新高地　核心竞争力　产业技术创新　高质量发展
湖南

Abstract

This book is an annual report organised and compiled by China Hunan Provincial Science & Technology Department. Based on study and implement of General Secretary Xi Jinping's Important Exposition on scientific and technological innovation and studying the spirit of important speech in Hunan, this book comprehensively reviews and summarizes the progress in the implementation of innovation-driven development strategies in Hunan Province in 2020 and "13th Five-Year", and prospects for the "14th Five-Year" period and the situation and requirements of scientific and technological innovation in the province in 2021, which has great benefits for forming a broad consensus and construction a highland of scientific and technological innovation with core competitiveness.

Seven parts are included in this book: Keynote Report, General Report, Special Topics, Evaluation Section, Case Section, Investigation Section and Appendix. The Keynote Report is an consideration or discussion on the strategic positioning and mission of "three high and four news" and construction of a highland of scientific and technological innovation with core competitiveness by the leaders of Hunan Provincial Party Committee and provincial government; the General Report is the analysis of the situation of science and technology innovation situation in Hunan Province in 2020 and "13th Five-Year" period, and the prospect of "14th Five-Year" period and work arrangements in 2021 written by Li Zhijian, Secretary of the Party Group and Director of China Hunan Provincial Science & Technology Department; in the Special Topics, the relevant functional departments carry out investigation and analysis on manufacturing industry innovation, agricultural science and technology development, innovation strategy and planning, financial science and technology innovation, innovative talent cultivation, intellectual property protection, forestry science and technology innovation and other aspects; in the Evaluation Section, a comprehensive evaluation is conducted on the regional technological innovation capability of Hunan Province, high-quality development of high-tech industrial development zones, as well as the incubators of scientific and technological enterprises and public innovation spaces, and countermeasures and suggestions are put forward; the Case Section focuses on the construction of regional science and technology innovation centers, the integration and innovation of cultural industry and science and technology, the construction of ecological system of science and technology innovation, the construction of high-quality development in high-tech zones, the promotion of rural revitalization by science and technology, and the realization of high-quality transformation in old industrial zones, and puts forward relevant analysis and experience generalization; based on the reality of Hunan's scientific and technological innovation, the Investigation Section is written by professors and researchers, including analysis for the construction of scientific and technological innovation bases and platforms, fundamental research, engineering machinery, interdisciplinary integration innovation, modern seed industry development, quantum science and technology development, innovation and development strategies, and intelligent equipment manufacturing, etc, and corresponding suggestions and countermeasures; the Appendix presents the major events in Hunan science and technology innovation field in 2020.

Keywords: Science and Technology Innovation Highland; Core Competence; Industrial Technology Innovation; High-Quality Development; Hunan

目 录 ◤▶▶▦▦▦▦

I 主题报告

B.1 加快打造具有核心竞争力的科技创新高地，努力在新时代

新征程上再立新功再创辉煌 …………………………… 张庆伟 / 001

B.2 矢志高水平科技自立自强，奋力打造具有核心

竞争力的科技创新高地 …………………………………… 毛伟明 / 006

B.3 打造具有核心竞争力的科技创新高地，

为建设现代化新湖南提供强劲动力 ……………………… 陈　飞 / 013

II 总报告

B.4 "十三五"时期湖南科技创新情况及"十四五"时期展望

……………………………………………………………… 李志坚 / 019

一　2020 年湖南科技创新进展与"十三五"成就 …………… / 020

二　"十四五"时期湖南科技工作面临的形势和任务 ……… / 027

三　2021 年湖南科技创新重点工作 ………………………… / 031

Ⅲ 专题篇

B.5　湖南制造业创新发展情况与展望………　湖南省工业和信息化厅 / 038

B.6　2020年湖南农业科技发展情况报告　………　湖南省农业农村厅 / 047

B.7　为实施"三高四新"战略贡献国资国企力量

　　　…………………　湖南省人民政府国有资产监督管理委员会 / 055

B.8　金融助力科技创新高地建设………　湖南省地方金融监督管理局 / 061

B.9　汇聚智慧和力量，服务湖南科技创新发展

　　　………………………………………　湖南省科学技术协会 / 067

B.10　林业科技创新助力湖南生态强省建设　………　王明旭　姜　芸 / 075

Ⅳ 评价篇

B.11　湖南省区域科技创新能力评价报告2021

　　　…………　符　洋　魏　巍　张小菁　蒋　威　杨　镭 / 084

B.12　湖南省高新区创新发展绩效评价报告（2020）

　　　…………　谭力铭　廖　婷　李维思　石海林　邬亭玉 / 107

B.13　2020年湖南省科技企业孵化器、众创空间绩效评价报告

　　　…………………　毛明德　李　滢　徐建改　陈　上 / 120

Ⅴ 案例篇

B.14　抬高坐标，强化担当，打造具有核心竞争力的

　　　科技创新高地　………………………　长沙市科学技术局 / 140

B.15　为文化腾飞插上"科技翅膀"

　　　——马栏山视频文创产业园科文融合创新发展的探索与实践

　　　……………………………………………………　邹犇淼 / 147

B.16 构建六链融合的科技创新生态体系

　　………………………… 岳麓山大学科技城管理委员会 / 153

B.17 全面激发创新活力，推动高新区高质量发展

　　………………… 株洲高新技术产业开发区管理委员会 / 159

B.18 关于农业科技在脱贫地区践行"三高四新"

　　战略的工作思考

　　………………… 黄纯勇　徐志雄　梁　雪　莫英波　彭中明 / 165

B.19 实施创新首位战略，凝聚科技发展动能，

　　全力创建首批省级创新型区 ………………… 雁峰区人民政府 / 173

Ⅵ　调研篇

B.20 加强基础研究，助力科技创新高地建设 …… 唐宇文　戴　丹 / 180

B.21 补齐湖南工程机械产业配套短板，增强

　　自主可控能力 …………… 石海林　周海球　李维思　张小菁 / 189

B.22 国内学科交叉融合创新典型案例及湖南启示

　　………………… 郭小华　陈凯华　张小菁　刘　素 / 197

B.23 夯种业之基，筑农业之"芯"

　　——湖南省现代种业发展调研报告

　　………… 邬亭玉　谭力铭　姚　婷　李维思　黄梅花 / 206

B.24 湖南省量子科技发展调研报告

　　………………………… 甘　甜　张春霞　李　晋 / 218

B.25 谋科技创新高地之路：经验借鉴与启示

　　——基于中部五省科技创新的主要做法

　　………… 陈凯华　郭小华　张小菁　杨　宇　刘　素 / 227

B.26 山河智能装备制造科技创新发展报告

　　………… 何清华　朱建新　张大庆　黄志雄　邓　宇 / 235

B.27 论新发展阶段湖南科创的方向、重点与主要任务

.... 吴金明　马　茜 / 248

Ⅶ　附录

B.28 2020年湖南科技创新发展大事记 .... / 258

皮书数据库阅读**使用指南**

CONTENTS ⟪⟫

I Keynote Reports

B.1 Speed Up to Build a Hub of Scientific and Technological Innovation
with Core Competitiveness, and Strive to Make New Achievements
on New Journey in New Era   *Zhang Qingwei* / 001

B.2 Strive to Build a Highland of Scientific and Technological
Innovation with Core Competitiveness with
High-level Science and Technology Self-reliance   *Mao Weiming* / 006

B.3 By Building a Highland of Scientific and Technological Innovation
with Core Competitiveness and to Provide Strong Impetus
for the Construction of Modern New Hunan   *Chen Fei* / 013

II General Report

B.4 "13th Five-Year" Period Report on Hunan's Scientific and Technological
Innovation, and Prospect in "14th Five-Year" Period   *Li Zhijian* / 019

1. Progress and Achievements of Science and
Technology Innovation in Hunan in 2020 / 020

2. Situation and Tasks Faced by Hunan Science and Technology
Work during the 14th Five-Year Plan Period / 027

3. Important Works of Hunan Science and Technology
Innovation in 2021 / 031

Ⅲ   Special Topics

B.5   Review and Prospect of Innovation Development in Hunan's
Manufacturing Industry

Industry and Information Technology Department of Hunan Province / 038

B.6   Annual Report of Agricultural Science and Technology
Development(2020)

Department of Agriculture and Rural Affairs of Hunan Province / 047

B.7   State-owned Assets and State-owned Enterprises Should Make
Contributions to the Implementation of the "Three Highs and
Four News" Strategy

State-owned Assets Supervision and Administration Commission of

Hunan Provincial People's Government / 055

B.8   Finance Improve Construction of Scientific and Technological Innovation
Center   *Hunan Local Financial Supervision and Administration*/ 061

B.9   Gathering the Wisdom and Strength and Serving
Hunan's Technological Innovation and Development

Hunan Association For Science and Technology / 067

B.10   Forestry Science and Technology Innovation Promoting Construction
of Strong Ecological Province   *Wang Mingxu, Jiang Yun* / 075

Ⅳ   Evaluation Section

B.11   Evaluation Rport on Regional Scientific and Technological
Innovation Ability of Hunan Province (2021)

Fu Yang, Wei Wei, Zhang Xiaojing, Jiang Wei and Yang Lei / 084

B.12   Annual Report of Hunan High-Tech District's Innovation
Performance Evaluation (2020)

Tan Liming, Liao Ting, Li Weisi, Shi Hailin and Wu Tingyu / 107

B.13   Annual Report of Hunan's High-Tech Business Incubators
and Public Innovation Spaces Performance Evaluation(2020)

Mao Mingde, Li Ying, Xu Jiangai and Chen Shang / 120

Ⅴ   Case Section

B.14   Improving the Level of Development, Enhancing Social
Responsibility, Creating a Highland of Scientific and
Technological Innovation with Core Competitiveness

Changsha Science and Technology Bureau / 140

B.15   Installing "Technological Wings" for Cultural Development:
Exploration and Practice of Malan Mountain Video Cultural Industry Park
in the Innovation and Development of Integration of Science and Culture

Zou Benmiao / 147

B.16   Constructing the Ecological System of Science and Technology
Innovation Integrating Six Industrial Chains

Yuelushan University Science and Technology City Management Committee / 153

B.17   Fully Stimulating Innovation Vitality, Promoting High Quality
Development of Industrial Parks

Zhuzhou High-tech Industrial Development Zone Management Committee / 159

B.18 Thoughts on Agricultural Science and Technology Carry

Out the Strategy of " Three High and Four New "

in Poverty Alleviation Areas

Huang Chunyong, Xu Zhixiong, Liang Xue, Mo Yingbo and Peng Zhongming / 165

B.19 Implementing Innovation Priority Strategy, Integrating the

Power of Science and Technology Development, Fully

Creating the First Provincial Innovation Zones

People's Government of Yanfeng District / 173

Ⅵ   Investigation Section

B.20 Strengthening the Basic Research, Promoting the Construction of

Scientific and Technological Innovation Highland

Tang Yuwen, Dai Dan / 180

B.21 Completing the Weaknesses of Hunan's Construction Machinery

Industry, Strengthening the Independent Control Capability

Shi Hailin, Zhou Haiqiu, Li Weisi and Zhang Xiaojing / 189

B.22 Typical Cases of Interdisciplinary Integration and Innovation in

China and Inspiration for Hunan Province

Guo Xiaohua, Chen Kaihua, Zhang Xiaojing and Liu Su / 197

B.23 Strengthening the Foundation of Seeds Industry, Constructing

"Core Chip" of Agricultural:Investigation Report on

Development of Modern Seeds Industry in Hunan Province

Wu Tingyu, Tan Liming, Yao Ting, Li Weisi and Huang Meihua / 206

B.24 Research Report on the Development of Quantum Science and

Technology in Hunan Province

Gan Tian, Zhang Chunxia and Li Jin / 218

B.25   Planning the Road of Scientific and Technological Innovation
Highland: Experience Reference and Inspiration

Chen Kaihua, Guo Xiaohua, Zhang Xiaojing, Yang Yu and Liu Su / 227

B.26   Report of Hunan SUNWARD Intelligent Equipment Manufacturing
Technology Innovation and Development

He Qinghua, Zhu Jianxin, Zhang Daqing, Huang Zhixiong and Deng Yu / 235

B.27   Discussion on the Direction, Focuses and Main Tasks of Hunan
Science and Technology Innovationin the New Development Stage

Wu Jinming, Ma Qian / 248

VII   Appendix

B.28   A List of Hunan's Major Events of Scientific and Technological
Innovation in 2020   / 258

主题报告
Keynote Reports

B.1
加快打造具有核心竞争力的科技
创新高地，努力在新时代新征程上
再立新功再创辉煌

张庆伟*

　　湖南省科协第十次全省代表大会以来，全省各级科协组织坚持以习近平新时代中国特色社会主义思想为指导，深入贯彻党中央决策部署和省委工作要求，大力实施创新驱动发展战略，在推进科技创新、繁荣学术交流、普及科学知识等方面做了大量工作，为创新型湖南建设和经济社会发展作出了重要贡献。广大科技工作者勇立潮头、开拓进取，聚力攻关重点领域，加快突破瓶颈制约，为湖南经济社会发展作出了贡献。实践证明，湖南省各级科协组织不愧为党和政府联系科技工作者的桥梁和纽带，广大科技工作者不愧为推动科技自立自强、服务创新驱动发展的排头兵。

　　科技立则民族立，科技强则国家强。以习近平同志为核心的党中央高度

---

　　* 张庆伟，湖南省委书记，湖南省人大常委会主任。

重视科技工作，把科技创新摆在国家发展全局的核心位置，对建设世界科技强国作出系统谋划和部署。在今年5月召开的两院院士大会和中国科协第十次全国代表大会上，习近平总书记就加快创新发展、建设科技强国提出一系列新思想新观点新要求。今年9月召开的中央人才工作会议，明确提出"加快建设世界重要人才中心和创新高地"。前不久闭幕的中央经济工作会议，强调"科技政策要扎实落地"。习近平总书记赋予湖南省"三高四新"战略定位和使命任务，其中就包括打造具有核心竞争力的科技创新高地。我们要认真学习领会，抓好贯彻落实。

当今世界，科技发展突飞猛进，创新创造日新月异，科学技术从来没有像今天这样深刻影响着国家前途命运，从来没有像今天这样深刻影响着人民生活福祉。在一定意义上讲，抓创新就是抓发展，谋创新就是谋未来。省第十二次党代会深入贯彻习近平总书记对湖南重要讲话重要指示批示精神，着眼全面建设社会主义现代化新湖南，对打造具有核心竞争力的科技创新高地作出全面部署。全省广大科技工作者要抢抓历史机遇，勇挑历史重担，以时不我待、只争朝夕的热情投身科技强省和创新型湖南建设实践，努力在新时代新征程上再立新功、再创辉煌。

第一，要做理想信念的坚定信仰者。心中有信仰，脚下有力量。坚持真理、坚守理想是伟大建党精神的重要内涵，也是激励我们矢志艰苦奋斗、攻克科学难关的精神动力。要坚定不移听党话跟党走，充分认识党的十九届六中全会突出强调"两个确立"的决定性意义，从党的百年奋斗历史中深刻感悟坚持中国共产党领导的历史必然性，不断筑牢政治忠诚，始终与党同心同向同行，切实增强"四个意识"、坚定"四个自信"、做到"两个维护"。要加强党的创新理论武装，深刻领会习近平新时代中国特色社会主义思想"十个明确"的核心要义，深学笃行习近平总书记关于科技创新的重要论述，进一步感悟思想伟力，坚定不移走中国特色自主创新道路，牢牢把握科技创新的正确方向。要砥砺科技报国的初心使命，时刻关注党中央在关心什么、强调什么，牢牢把握湖南省服务"国之大者"的比较优势，找准研究方向、笃定科学追求，把科技论文写在祖国大地上，为建设世界科技强国贡献湖南智慧和力量。

第二，要做科技高峰的勇敢攀登者。马克思说过，"在科学上没有平坦的大道，只有不畏劳苦沿着陡峭山路攀登的人，才有希望达到光辉的顶点"。要打好关键核心技术攻坚战，坚持"四个面向"，从国家急迫需要和长远需求出发，奔着关系湖南发展最急迫的问题去，推出更多具有世界"并跑""领跑"水平的创新成果。要加强原创性引领性科技攻关，紧盯面向世界前沿且湖南省具有较好基础的领域，持之以恒加强理论探索和基础研究，弄通"卡脖子"技术的基础理论和技术原理，勇于抢占国际国内科技制高点，实现更多"从0到1"的突破。要增强科技创新的自信心，笃定恒心耐心，甘坐"冷板凳"、敢闯"无人区"，不断向科学技术广度和深度进军，把爱国之情、报国之志转化为创新创造的实际行动。

第三，要做改革发展的开拓奋进者。习近平总书记2013年来湘考察时明确要求，"把创新驱动发展作为面向未来的一项重大战略实施好，推动经济社会发展及早转入创新驱动轨道上来"。在高质量发展上闯出新路子、全面建设社会主义现代化新湖南，就必须把创新发展摆在突出位置，发挥好科技工作者的独特重要作用。要积极对接围绕产业链部署创新链的需求，聚焦工程机械、轨道交通、航空航天、新材料、新一代信息技术、现代农业、生物医药等优势产业链，加强协同创新，大力推动传统产业"老树发新芽"，加快培育发展新兴战略产业，为湖南省实现产业链再造价值链提升、加快构建现代产业体系提供助力。要注重科技惠民、科技利民，顺应人民群众对美好生活的期盼，加大防灾减灾、公共安全、慢病防治、污染治理、粮食安全等关系民生福祉的重大科技攻关，大幅增加公共科技供给，让更多科技创新成果造福人民、造福社会。要以科技力量支撑社会治理，聚集党委、政府重大决策和面临的矛盾问题，充分运用5G、区块链、大数据、物联网等科技手段，在政务服务、舆情引导、疫情防控等方面发挥积极作用，助力提高社会治理科学化智能化水平。

第四，要做人才兴省的积极推动者。创新是第一动力，人才是第一资源。湖南打造"三个高地"，归根到底要靠高水平创新人才。要更加重视人才自主培养，发扬甘为人梯、奖掖后学的育人精神，善做伯乐发现人才，言传身教培育人才，虚怀若谷举荐人才，不拘一格使用人才，坚决破除论资排辈，大力支持"小荷才露尖尖角"的青年才俊挑大梁、当主角。要发挥优势聚智引才，大力实施芙蓉人才计划、科技人才托举工程，充分发挥科技工作者特别是两院院士所在行业领域影响力，为湖南省引进高水平研究团队和创新人才牵线搭桥。各级各部门要深入推进科技体制机制改革，优化领军人才发现机制和项目团队遴选机制，深化"揭榜挂帅"等制度创新，形成并实施有利于科技人才潜心研究和创新的评价体系。

第五，要做科学家精神的带头践行者。科学家精神是科技工作者在长期科学实践中积累的宝贵精神财富。希望大家认真践行以"爱国、创新、求实、奉献、协同、育人"为内涵的科学家精神，示范带动全省上下尊重知识、尊重科学，让创新创造的源泉充分涌流。要带头求真知探真理，敢于提出新理论、开辟新领域、探索新路径，不断追求"干惊天动地事，做隐姓埋名人"的高远境界。要大力弘扬优良学风，恪守科技伦理道德，遵守学术行为准则，营造良好学术生态，自觉做科技创新的先锋、学术道德的标杆、严谨治学的楷模。要深入践行社会主义核心价值观，积极投身公民科学素质提升行动，普及科学知识、弘扬科学精神、传播科学思想、倡导科学方法，使讲科学、爱科学、学科学、用科学在全省蔚然成风。

科协组织是科技工作者的群众组织，是党领导下的人民团体。要加强党的全面领导，牢牢把握群团组织增强政治性、先进性、群众性的要求，加强思想政治引领，把广大科技工作者紧紧凝聚在党的周围，忠诚捍卫"两个确立"，坚决做到"两个维护"。要充分发挥科协的组织网络优势、科技资源优势、人才智力优势，最大限度调动广大科技工作者积极性、主动性、创新性，推动创新要素向产业聚集、向基层流动，为经济社会发展提供强大科技支撑。要加强科普资源整合开发力度，广泛深入开展群众性、基础性、社会性科普活动，提高科普的传播速度和覆盖广度，推动形成社会化科普工作新格局。要聚焦服务科技工作者，建立畅通稳定的沟通渠道，帮助解决他们的"急难愁盼"问题，真正把科协组织打造成有温度、可信赖的科技工作者之家。要以改革创新精神加强自身建设，全面加强科协组织制度建设、组织建设、队伍建设，着力打造一支政治坚定、业务精湛、能力过硬、作风优良的高素质科协工作者队伍。

科协工作是党的群众工作和科技工作的重要组成部分。各级党委、政府要加强和改进对科协工作的领导，大力支持科协组织依法依规依章程开展工作，及时研究解决科协改革发展中的困难和问题，关心关爱科协干部成长，保障财政经费投入，为科协工作创造良好环境和条件。要重视发挥科协组织在服务科学决策、推动科技创新、促进人才成长等方面的重要作用，积极引导和支持科协承接政府转移的社会化服务职能。要广泛宣传科技工作者勇于探索、献身科学的感人事迹，营造全社会尊重劳动、尊重知识、尊重人才、尊重创造的浓厚氛围。

科技赋能发展，创新决胜未来。让我们更加紧密地团结在以习近平同志为核心的党中央周围，深入贯彻习近平新时代中国特色社会主义思想，锐意进取、开拓创新，苦干实干、勇毅前行，为建设社会主义现代化新湖南、实现第二个百年奋斗目标而努力奋斗！

（本报告节选自2021年12月18日在湖南省科协第十一次全省代表大会开幕式上的讲话。）

B.2
矢志高水平科技自立自强，奋力打造具有核心竞争力的科技创新高地

毛伟明*

科技是国家强盛之基，创新是民族进步之魂。世界发展史充分证明，人类社会的每一次重大进步都与科学技术革命性突破密切相关，科学技术以一种不可逆转、不可抗拒的力量推动着人类社会不断向前发展。回望百年历程，在党中央坚强领导下，在全国科技界和社会各界共同努力下，中国科技事业从一穷二白的基础起步，历经千难万险，蹚出了一条独立自主的发展之路，取得了重大历史性成就。特别是党的十八大以来，科技实力从量的积累迈向质的飞跃、从点的突破迈向系统能力提升，航天领域从北斗导航到载人航天不断创造奇迹，高铁成为国家新"名片"，特高压技术抢占全球制高点，"深海、深空、深地、深蓝"等领域不断实现新跨越、新突破，这一切无不展现了中华民族的智慧和力量，科技创新为中华民族迎来从站起来、富起来到强起来的伟大飞跃提供了强大支撑。

湖南是一方红色热土、创新沃土，一代代湖湘科技工作者爱国奉献、勇攀高峰，为中国科技事业发展贡献了聪明才智、写下了浓墨重彩的一笔。近年来，湖南省上下认真贯彻习近平总书记关于科技创新的重要论述和考察湖南重要讲话精神，加快推进创新型省份建设，科技创新成为推动经济社会高质量发展的最大引擎、最强动力。

一是科技创新成果丰硕。"十三五"期间，湖南省累计获国家科技奖励99项，取得120余项重大原创成果和前沿技术，"三超三深"领域重大科技成果不断涌现，中小航空发动机、高压 IGBT 芯片等装备技术打破国外垄

---

* 毛伟明，湖南省委副书记，湖南省人民政府党组书记、省长。

断，高温难熔金属、碳/碳复合材料等实现进口替代，最大直径盾构机、舱外航天服等助力"大国工程"。

二是创新平台优化赋能。3个创新型城市、3个创新型县市加快推进，长株潭自创区、可持续发展议程创新示范区等国家级平台在湘布局，岳麓山国家大学科技城、马栏山文创产业园加快发展，国家重点实验室、工程技术研究中心、企业技术中心、临床医学研究中心分别达19家、14家、59家和3家。

三是高新技术产业发展强劲。国家高新区增至8家，居全国第6位，"十三五"期间高新技术产业增加值占地区生产总值比重提升2.4个百分点，高新技术企业数量增长3.75倍，拥有全国最大的工程机械研发制造基地和轨道交通装备研发生产基地，全国唯一的中小航空发动机研制基地和飞机起降系统研制基地。

四是创新生态活力迸发。"十三五"期间研发投入强度提升0.65个百分点，增幅居全国第三、中部第一，财政科技投入增长2.53倍；现有在湘（含聘用）两院院士75名、湘籍院士119名，共有210余名省级人才成长为国家级人才；科研院所改制、"三分离"、"五统一"管理改革等获中央推介，创新工作5次获得国务院真抓实干表彰激励。

2021年5月28日，习近平总书记在两院院士大会和中国科协第十次全国代表大会上发表重要讲话，对科技界和广大科技工作者提出明确要求、寄予殷切期望，为加快建设科技强国、实现高水平科技自立自强，指明了方向、提供了遵循。湖南要深入贯彻习近平总书记重要讲话精神，深刻把握世界百年未有之大变局下，科技创新成为国际战略博弈主战场的新形势，深刻把握新一轮科技革命和产业变革突飞猛进，科技创新广度、深度、速度、精度显著提升的新要求，深刻把握全省实施"三高四新"战略进程中，科技创新事业大有可为、科技工作者大有作为的新机遇，要深入实施科教兴国、人才强国、创新驱动发展战略，加快建设创新型省份，打造具有核心竞争力的科技创新高地，以创新主动赢得发展主动、以科技优势创造竞争优势，为建设现代化新湖南贡献科技智慧和力量，具体要做好四个方面工作。

一 打好关键核心技术攻坚战

关键核心技术是要不来、买不来、讨不来的，唯有自力更生，集中力量攻关，以背水一战、置之死地而后生的决心和勇气，打破瓶颈、消除制约、穿透堵点，实现科技创新策源上的突破，解除核心技术受制于人的隐患。要坚持面向世界科技前沿、面向经济主战场、面向国家重大需求、面向人民生命健康，奔着最紧急、最紧迫问题，加强原创性、引领性科技攻关，为实现高水平科技自立自强做出湖南贡献。当务之急，就是要从四个层面打好攻坚战。

（一）强化关键共性技术攻坚

从"3+3+2"产业发展面临的实际问题中凝练科学问题，以十大技术攻关项目为带动，解决"卡链处""断链点"的燃眉之急，消除影响长远发展的心腹之患，保障产业链供应链安全稳定、自主可控，支撑优势产业发展"突围"。

（二）强化前沿引领技术攻坚

聚焦前端、高端、尖端，围绕人工智能、生物育种、先进制造、空天科技、深地深海等前沿领域，前瞻布局开展战略性、储备性技术研发，抢占未来科技和产业发展制高点。

（三）强化现代工程技术攻坚

积极承接国家科技创新重大项目和工程，创造更多"首台首套首创首批"新装备、新技术、新材料，赋能产业转型升级、提质增效，架起科学原理和产业发展、工程研制之间的桥梁。

（四）强化颠覆性技术攻坚

在集成电路、生命健康、新材料、新能源等技术领域，选准"突破口"、勇闯"无人区"，探索"发现—遴选—培育"新机制，努力取得"从0到1"的原创性成果。

二　提高创新体系整体能力

习近平总书记指出，国家实验室、国家科研机构、高水平研究型大学、科技领军企业是国家战略科技力量的重要组成部分。在这四个层面的战略科技力量上，湖南省都有强项，都能有所作为。要自觉履行使命担当，强力推进"七大计划"，抢占产业、技术、人才、平台制高点，确保湖南在科技强国建设版图中占有一席之地。当前，要着力从三个方面进行体系化构建。

（一）要着力构建协同发力的区域创新体系

以建设国家区域科技创新中心为目标，加快构建以长株潭自创区为引领、以可持续发展议程创新示范区和创新型城市、县（市、区）为依托的区域创新体系，推进高新区机制改革、提质升级，推动国家级高新区实现市州全覆盖，强化跨区域、跨领域协同创新。

（二）要着力构建高端引领的创新平台体系

深入推进"两区两山三中心"建设，以国家实验室为目标、以种业创新为重点，高标准建设岳麓实验室，打造原始创新策源地、科技要素汇聚地；在先进制造、工程机械、智能网联汽车、卫星应用技术、功率半导体、生命科学等领域，创建一批国家重点实验室、技术创新中心和中试基地，建设国家医学中心和国家区域医疗中心，布局一批前瞻引领、学科交叉、综合集成的省级实验室，多出关键性重大科技成果。

（三）要着力构建以企业为主体的技术创新体系

企业是市场竞争的主体，也是科技创新的主体。科技领军企业在市场需求、集成创新、组织平台方面具有天然优势，要牵头组织高校科研院所、各类创新主体，一体化配置项目、基地、人才和资金，开展关键技术研发、成果转化及产业化。高校要对接国家战略目标、经济社会发展需要，壮大新兴学科、发展交叉学科、培养科研人才，在基础研究和重大科技突破方面，更好发挥引领性、开创性、突破性作用。

三 打造高端科技人才队伍

"得人才者，得天下。"同样，对一个地区、一个企业来说，得人才者，得创新力、得竞争力、得生产力。这几年，湖南省人才工作取得长足进步，一些领军型、科技型人才脱颖而出，要百尺竿头、更进一步，以人才的制高点抢占创新的制高点。具体工作中，要始终做到"三个坚持"。

（一）坚持需求导向

以产业布局为方向、企业需求为重点、攻关项目为纽带，大力实施芙蓉人才行动计划，全链条全谱系引进培育科技人才，加快集聚一批院士、学术带头人，靶向引进一批"高精尖缺"科技人才、领军人才和创新团队。

（二）坚持自主培养

重视科学精神、创新能力和独立思维的培养培育，建立健全院士带培机制，稳定支持一批创新团队，努力造就青年科学家、顶尖科技人才，培养更多高素质技术技能人才、能工巧匠、大国工匠。

（三）坚持优化服务

建立涵盖科技项目库、科技企业库、科技成果库、企业需求库的综合信息服务平台，创新人才"一站式"服务机制，做好配偶就业、子女就学、社保医疗、住房保障等服务，减少不必要的迎来送往、评审评价活动，保障科技人员持久的时间投入、主要的精力投入。

四　激发全社会创新创造活力

进入新时代，科技创新领域最大的变化，就是要按照新型举国体制要求推动创新。新型举国体制"新"就新在政府、市场、社会三位一体，拧成一股绳，形成强大的科技创新"合力"和"活力"。从湖南省情况来看，主要从以下三个方面着力。

（一）着力推进科技体制改革

全面深化科技计划、人才评价和激励、科研项目管理、科技成果转化、科研诚信、成果赋权等重点领域改革，赋予高校科研院所在科研立项、成果处置、职称评审等方面的自主权，扩大科研人员在技术路线选择、资金使用、团队组建、成果转化等方面的自主权，让他们不再被"束手束脚"。同时，坚持"破四唯"和"立新标"并举，引导科研人员研究真问题、真研究问题。

（二）着力推进政策落实落地

严格落实研发费用加计扣除、新增研发投入奖补、推进创新创业等政策措施，加大科技创新人才离岗创业、成果转化收益分配、股权激励等政策支持力度，特别是要探索金融和科技紧密结合新模式，为科创企业提供全生命周期金融服务。

（三）着力形成崇尚科学的风尚

坚持把科学技术普及放在与科技创新同等重要的位置，加强科研诚信和科技伦理教育，讲好新时代湖南科技创新故事，大力激发广大青少年崇尚科学、探索未知、敢于创新的热情，大力营造尊重劳动、尊重知识、尊重人才、尊重创造的环境。

科学成就离不开精神支撑。广大科技工作者要认真落实习近平总书记提出的"四个表率"要求,涵养深厚的家国情怀,发扬以爱国主义为底色的科学家精神,传承湖湘文化"敢为人先"的创新基因,保持对知识、对真理、对未知的热烈追求,胸怀祖国人民,勇攀科学高峰,坚守学术道德,甘于提携后学,为科学事业不懈奋斗,为党和人民鞠躬尽瘁!

纵观历史,1978 年召开的全国科学大会,在科技界是具有里程碑意义的大会,广大科技工作者发自内心地感受到了科学的春天,激励了一代又一代科技工作者不懈奋斗。一代人有一代人的奋斗、一代人有一代人的担当。站在向第二个百年奋斗目标进军的历史起点上,湖湘儿女要自觉担当起时代使命,矢志高水平科技自立自强,奋力打造具有核心竞争力的科技创新高地,在大力实施"三高四新"战略、建设现代化新湖南的伟大实践中,做出无愧于党、无愧于人民、无愧于时代的贡献!

(本报告节选自 2021 年 7 月 21 日在湖南省科技创新奖励大会上的讲话。)

B.3

打造具有核心竞争力的科技创新高地，为建设现代化新湖南提供强劲动力

陈 飞*

2020年9月16~18日，习近平总书记考察湖南，要求湖南着力打造国家重要先进制造业、具有核心竞争力的科技创新、内陆地区改革开放的高地。一年来，湖南省委、省政府认真贯彻落实习近平总书记考察湖南重要讲话精神，大力实施"三高四新"战略，深入调查研究，制定《湖南省打造具有核心竞争力的科技创新高地规划——湖南省"十四五"科技创新规划》，以十大技术攻关项目等为代表的关键核心技术攻坚战进展顺利。"十四五"期间，要坚持科学技术是第一生产力、创新是第一动力、人才是第一资源，奋力打造具有核心竞争力的科技创新高地，为建设现代化新湖南提供强劲动力和有力支撑。

一 胸怀"两个大局"，打造科技创新高地

科技是国家强盛之基，创新是民族进步之魂。当今世界正经历百年未有之大变局，中国正处于实现中华民族伟大复兴的关键时期。国际上保护主义与单边主义上升，全球科技创新进入空前密集活跃的时期，新一轮科技革命和产业变革正在重构全球创新版图、重塑全球经济结构，科技创新已成为国际竞争的关键力量和国际战略博弈的主要战场。党的十九届五中全会审议通

---

* 陈飞，湖南省人民政府副省长、党组成员。

过的《中共中央关于制定国民经济和社会发展第十四个五年规划和二〇三五年远景目标的建议》首次专章部署科技创新，强调要"坚持创新在我国现代化建设全局中的核心地位，把科技自立自强作为国家发展的战略支撑"。习近平总书记在庆祝中国共产党成立100周年大会上发表重要讲话，强调要"立足新发展阶段，完整、准确、全面贯彻新发展理念，构建新发展格局，推动高质量发展，推进科技自立自强"。科技自立自强是促进发展大局的根本支撑，只有秉持科学精神、把握科学规律，大力推动自主创新，才能够把国家发展建立在更加安全、更为可靠的基础上。

打造具有核心竞争力的科技创新高地，是习近平总书记从国家发展战略和科技强国建设全局考量，对湖南"十四五"时期及未来科技创新发展赋予的全新坐标定位和重大责任使命；是习近平总书记对湖南工作系列重要指示精神的一以贯之；是湖南立足新发展阶段，贯彻新发展理念，构建新发展格局，主动应对碳达峰、碳中和机遇与挑战的内在要求；是湖南努力实现高水平科技自立自强，促进高质量发展，奋力建设现代化新湖南的关键所在。实施"三高四新"战略，要准确把握"三高四新"的丰富内涵，坚持以"三高"服务"四新"，用"四新"检验"三高"；打造国家重要先进制造业高地是目的，打造内陆地区改革开放高地是保障，打造具有核心竞争力的科技创新高地是关键。

湖南是一方红色热土，也是创新的沃土。一代又一代科技湘军从湖湘文化"敢为人先、经世致用"的精神特质中汲取营养，勇攀高峰。新中国成立以来，湖南取得了超级杂交稻、超级计算机、超高速列车等一批世界领先的科技成果，涌现袁隆平等一批杰出科学家。但湖南还存在高能级创新平台不多、产业关键核心技术受制于人、创新生态不优等短板。建设现代化新湖南，必须胸怀"两个大局"，心系"国之大者"，牢牢抓住科技自立自强这个战略支撑，大力加强创新型省份建设，以科技创新"七大计划"支撑服务先进制造"八大工程"，以改革开放"九大行动"提升科技创新综合实力，积极抢占技术、产业、人才、平台制高点。

二 坚持"四个面向"，聚焦科技创新关键领域

习近平总书记多次强调，科技创新要坚持面向世界科技前沿、面向国家重大需求、面向经济主战场、面向人民生命健康。打造具有核心竞争力的科技创新高地，要以习近平新时代中国特色社会主义思想为指导，发挥湖南创新优势，在关键核心技术上实现自立自强、自主可控，做到人无我有、人有我优、人优我强。

（一）面向世界科技前沿，提升原始创新能力

聚焦全省具有较好基础的种业、计算、材料、先进制造、北斗应用等前沿领域，组织开展前瞻性、引领性和独创性基础理论研究和前沿方向探索，突破"卡脖子"技术瓶颈，抢占未来科技和产业发展的制高点。

（二）面向国家重大需求，服务"国之大者"

聚焦服务粮食安全、能源安全、水安全、环境安全等国家重大战略需求，依托岳麓山种业中心、岳麓山工业创新中心、岳麓山大学科技城、郴州国家可持续发展议程创新示范区等平台，打造种业创新战略科技力量，推动新能源前沿技术和产业迭代升级，推进水资源安全与高效利用，加强湘江流域重金属治理和农业面源污染治理等关键技术攻关。

（三）面向经济主战场，打好关键核心技术攻坚战

聚焦"3+3+2"产业集群建设，围绕产业链部署创新链，围绕创新链布局产业链，以新产品研发、工艺工序、工业母机、检验检测、标准和品牌为重点，精准实施重大科技创新项目，推动产业链创新链融合提质，打造现代化产业创新高地。

（四）面向人民生命健康，改善民生福祉

聚焦人口健康、疾病治疗、绿色发展、公共卫生安全，高标准推进国家

医学中心、综合性国家区域医疗中心建设，推动生产生活方式绿色化和循环经济发展，打造绿色低碳技术创新体系，更好满足人民对美好生活的向往。

高度重视创新平台与科技人才队伍建设，强化战略科技力量培育，提升创新体系整体效能。一要打造高能级科技创新平台体系。依托"两区两山三中心"建设，推进长株潭创新一体化，创建长株潭国家区域科技创新中心。全力创建岳麓山实验室，培育建设一批国家重点实验室，在先进制造、生命科学等领域布局建设一批湖南省实验室。推进国家和省级技术创新中心、制造业创新中心建设。布局重大科技基础设施建设，推动国家超级计算长沙中心升级建设，前瞻布局新一代"天河"超级计算机研制工作，推动大飞机地面动力学试验平台、轨道交通、工程机械、飞机发动机综合试验平台建设，支撑重大科学问题研究和特色优势产业发展。二要构建全谱系科技人才队伍体系。深入实施芙蓉人才行动计划，构建大学生、硕士生、博士生、青年英才、领军人才、院士团队等全链条的科技人才培育体系，促进科技人才梯次成长。鼓励高校与企业合作办学，建立行业指导、校企联合的卓越工程师教育培养机制，在企业、生产一线实践中培育高水平工程师。建设高技能人才培训基地、技能竞赛集训基地，加快培养一批高技能人才、湖湘工匠和大国工匠。遵循企业家成长规律，下大力气锻炼培养企业家人才队伍，完善国有企业领导人员股权激励政策，对高级管理人员、核心技术人员和管理骨干实施股权激励。锻造一支信念坚定、对党忠诚、实事求是、担当作为的企业家、科学家、管理者队伍。

三 强化"三项措施"，形成建设
科技创新高地合力

（一）要推进科技体制机制改革

深化科技计划管理改革，推进"揭榜挂帅""赛马制"等管理改革，坚持以质量、绩效、贡献为核心的科技创新评价导向，引导和激励科技人员把

论文写在祖国大地上。深化科研经费管理改革，减轻科研人员负担，推行经费包干制，进一步提高科研项目间接费用比例，赋予科技人员更大的人财物支配权、技术路线决策权。深化科技成果赋权改革，完善科技成果国家、集体、个人三方权益分享机制，探索赋予科研人员科技成果所有权和长期使用权改革，健全市场化、社会化科技成果评价制度。强化创新法治环境建设，修订《湖南省科技进步条例》，完善政策法规体系，强化知识产权全链条保护，切实维护广大科研人员利益，让创新得到全社会尊重，充分调动人的积极性、创造性，形成强大科技创新力量。

（二）要加大科技投入

坚持政府直接投、引导投结合，基础研究政府长期投、技术创新企业自主投并重，积极拓展多元化投入渠道，凝聚重大科研攻关合力。建立省市县三级联动财政科技投入稳定增长机制，发挥财政资金引导作用，完善无偿资助、贷款贴息、股权投资、风险补偿、后补助等支持方式。实施新一轮加大全社会研发经费投入三年行动计划，对企业基础研究投入实行优惠政策。大力发展种子基金、天使基金、创投基金，鼓励社会捐赠、建立基金等投入方式，完善多元化、社会化的创新投入体系。

（三）要促进创新生态、制造生态、应用生态融合

坚持创新服务制造，制造服务应用，应用促进制造，制造促进创新。一是优化创新生态。要充分发挥新型举国体制优势合力攻坚。让市场在资源配置科技攻关中起决定作用，更好发挥政府作用，国家、地方、学校、科研院所、企业形成纵向合力，统筹协调，联合攻关。要坚持目标导向、问题导向、结果导向，凝练科技攻关问题。紧紧围绕中国特色社会主义现代化强国建设目标，紧紧围绕"四个面向"，紧紧围绕"卡脖子"问题，紧紧围绕"四基工程"，紧紧围绕产业链供应链安全，把问题找出来，把差距找出来，把方向找出来，凝练成科技攻关问题，组成国家队、专业队、专项队攻坚，通过"揭榜挂帅"，明确责任人、时间表，攻关解决问题。二是重视制造生

态。围绕产业链的关键、薄弱环节，完善先进制造的配套，推动新一代信息技术与制造业深度融合；加强产学研结合，加快创新成果制造转化；对有创新成果无制造能力的，由产业链链主单位或国有龙头企业牵头组成制造联盟完成制造转化。三是丰富应用生态。抓好新产品、新工艺、新材料研发应用；省内市场对创新全面开放，重点支持创新产品在省内先试先用，同等条件下，政府和国有企业优先采用；落实两型产品政府采购，重大技术装备首台（套）、重点新材料首批次和软件首版次应用奖补等支持政策。

时代是出卷人，我们是答卷人，人民是阅卷人。踏上社会主义现代化强国建设实现第二个百年奋斗目标新征程，做习近平新时代中国特色社会主义思想的忠实实践者，立足新发展阶段，完整、准确、全面贯彻新发展理念，构建新发展格局，努力实现高水平科技自立自强，为实现中华民族伟大复兴做出更大贡献，为党和人民争取更大光荣。

总 报 告

General Report

B.4
"十三五"时期湖南科技创新情况
及"十四五"时期展望

李志坚*

摘　要：　本报告围绕"十三五"时期的创新型省份建设成果和"十四五"时期的科技创新展望，总结了湖南省"十三五"期间开展科技创新体制建设、发挥科技战略力量、保障产业链供应链稳定、健全区域创新体系、培育创新主体、聚焦科技创新平台建设、完善科技创新服务体系、打造创新合作生态、构建科技工作格局等九方面的行动与成效。结合当前的国内外形势和国家"十四五"规划、本省"三高四新"战略的发展新形势与总体任务，提出了2021年湖南应在关键核心技术攻关、基础研究发展、芙蓉人才行动、创新平台建设、创新主体增量提质、创新生态优化、科技成果转化等七方面重点开展工作。

* 李志坚，湖南省科学技术厅党组书记、厅长。

关键词： 科技创新 创新型省份 新发展理念

一 2020年湖南科技创新进展
与"十三五"成就

2020年是全面建成小康社会的决胜之年，是收官"十三五"、谋划"十四五"的关键之年，也是应对新冠肺炎疫情等重大挑战的攻坚之年。面对复杂严峻形势，湖南省科技战线坚决贯彻中央和省委、省政府统筹疫情防控和经济社会发展、做好"六稳""六保"的各项部署，以创新型省份建设为总揽，加快推进以科技创新为核心的全面创新，着力打造具有核心竞争力的科技创新高地，不断增强高质量发展新动能。2020年全省高新技术产业增加值增长10.1%，高出GDP增速6.3个百分点；高企数量达8621家，跻身全国前十，较上年增加2334家；入库9批7368家科技型中小企业，同比增长129%，增速排全国第一；技术合同成交额达735.95亿元，同比增长49.9%。统筹推进了以下九个方面的工作。

（一）坚持党建引领，打造思想过硬、作风过硬的科技干部队伍

坚决贯彻习近平新时代中国特色社会主义思想和习近平总书记关于科技创新的重要论述，树牢"四个意识"、坚定"四个自信"、坚决做到"两个维护"，始终在思想上、政治上、行动上同党中央保持高度一致。围绕创新引领大局，第一时间传达习近平总书记考察湖南重要讲话精神，细化形成9个方面27项重点工作任务，用实际行动担当打造"三个高地"的光荣历史使命。制定实施方案，严格落实意识形态工作责任制，牢牢掌握意识形态领导权、主动权。持之以恒抓好正风肃纪，制定《关于落实全面从严治党主体责任和监督责任的实施意见》《关于建立重要事项通报报备制度推动形成全面从严治党合力的实施办法》，旗帜鲜明地支持驻厅纪检监察组履行监督

责任，齐抓共管，切实将正风肃纪、监督检查贯穿到各项工作全过程。坚守政治机关定位，对标对表推进党支部"五化"建设和"三表率一模范"机关建设，厅系统党支部"五化"全面达标。

（二）高站位抓好疫情科学防控和科技企业复工复产，彰显科技战略力量担当

在全国率先启动抗击疫情应急专题，深入圣湘生物、明康中锦等企业一线，协调解决困难。圣湘生物研发的检测试剂通过国家药监局第一批应急审批。高通量新冠肺炎核酸快速检测试剂等产品和设备，为全球抗疫贡献湖南力量。《科学识疫正确防疫》等科普作品推动抗疫知识普及，引导公众正确理性看待疫情。《人民日报》（海外版）专题报道了湖南通过科普短视频，向世界传递中国政府抗疫经验和战"疫"担当。全省外国专家防疫抗疫工作得到国务院副总理刘鹤批示肯定。实施急危重症急救能力提升与公共卫生应急救治关键技术协同创新工程，筑牢人民生命健康防线。出台了支持科技企业创新发展若干举措，全力服务科技企业复工复产。启动"协同创新战疫情科技志愿者服务活动"，组织100余场在线培训活动，4万余人在线接受培训。在疫情期间，与中国建设银行湖南省分行合作，依据享受研发奖补情况，对1385家科技型中小民营企业投放贷款35亿元；与中国邮政储蓄银行湖南省分行合作，为210家科技型企业投放贷款75亿元。

（三）打好关键核心技术攻坚战，着力解决"卡脖子"难题，保障产业链供应链安全稳定

积极对接国家部署，承担实施了液压泵、马达主驱动密封"卡脖子"攻关项目2个，北斗导航、自主可控计算机领域关键科学问题研究项目2个，制造基础技术与关键部件重点任务4个，"新一代人工智能"科技创新2030重大专项项目7个。在国家自然科学基金总预算减少的情况下，全省获资助经费逆势增长10.4%，达8.43亿元；区域创新发展联合基金围绕生物与农业、环境与生态、新材料与先进制造、电子信息、人口与健康等领域

加强基础研究和应用研究,按出资规模计算,连续两年立项数居全国第一。"五个100"重大科技创新项目完成年度投资153.51亿元、研发投入49.11亿元,分别超年度计划的24.2%和52.1%。突出重大战略需求、重大技术瓶颈和重大社会民生效益,实施大规模储能系统、深海矿产资源开采关键装备等科技重大专项2项,以及功率器件用大产能硅外延设备研发科技创新重点工程。梳理"卡脖子"技术、自主可控技术、填补国内空白技术清单224项,实施高新技术产业科技创新引领计划项目272个,加大攻关力度。第三代杂交水稻取得重大突破,双季亩产突破1500公斤,镉低积累水稻研发聚力粮食安全。研发重卡高端发动机、160公里时速磁浮列车、全球最大功率电力机车等自主创新产品,有力提升湖南装备制造产业价值链;北斗导航基带芯片、固态存储控制芯片、7.5代盖板玻璃解决智能终端"缺芯少屏"问题。

(四)扎实推进创新型省份建设,不断健全区域创新体系

完善协同推进机制,抓好创新型省份建设实施方案的组织实施。长株潭国家自主创新示范区条例颁布施行,组织编制条例释义,落实部门责任分工。制定新一轮自创区建设三年行动计划(2020~2022年),通过领导小组第三次会议审议并印发实施。与中国工程院共同建设的岳麓山工业创新中心、湖南湘江树图区块链创新中心揭牌,为岳麓山大科城发展增添新力量。出台《科技创新支撑马栏山视频文创产业园发展若干措施》《湖南省文化和科技融合示范基地(单体类)认定管理暂行办法》,深化文化与科技融合。召开郴州国家可持续发展议程创新示范区协调小组第二次会议,梳理形成六大类50项可持续发展难题和科技需求清单,启动实施首批39个重大科技创新项目,成立专家咨询指导委员会,加快探索可持续发展的"科技创新方案"。宁乡市即将获批国家高新区,益阳获批国家农业科技园区,启动14个创新型县市区培育,新增宁远等6个省级高新区、安乡等4个省级农业科技园区,怀化洪江精细化工新材料基地、怀化高新区中医药基地获批国家火炬特色产业基地,浏阳、岳阳临港获批国家高新技术产业化基

地，构建了多点多极支撑的全域创新体系。支持湘赣边区 10 个县市发展中药材、茶叶、油茶产业，大力实施科技特派员创新创业专项，全力服务打赢脱贫攻坚战。

（五）多措并举培育创新主体，进一步壮大高质量发展生力军

出台《关于进一步深化科研院所改革推动创新驱动发展的实施意见》，统筹推进科研院所改革，获中央改革办表扬肯定。组织开展全省"高企培育服务季"活动，按照"线上 + 线下"模式开展政策解读和辅导培训，覆盖企业 5000 余家。制定出台《湖南省新型研发机构管理办法》，加大培育支持力度。大力落实研发奖补政策，奖补企业 2876 家、资金 7.87 亿元，带动全省建立研发准备金制度备案的企业数增长 49.6%，备案金额增长21.9%。对高校、科研院所新增非财政研发投入奖补 2700 余万元，激励高校院所深化产学研合作。2019 年，研发经费投入 787.2 亿元，居全国第十；同比增长 19.3%，居全国第三；投入强度 1.9%，较上年提升 0.17 个百分点，增幅居全国第七；2020 年投入强度预计提升 0.1 个百分点。

（六）聚力重大科技创新平台建设，夯实核心竞争力基础保障

岳麓山种业创新中心正式挂牌运行，实体化运作平台加快推进。生物育种智能大数据、分子育种 2 个共性中心加快建设，水产、油茶及中药材专业研究中心进入实体运行筹备阶段。省部共建木本油料资源利用国家重点实验室、湖南国家应用数学中心、全省首个国家基础科学中心项目、洞庭湖湿地生态系统国家野外科学观测研究站获批，国家耐盐碱水稻技术创新中心、长沙国家新一代人工智能创新发展试验区通过专家论证。抢抓国家重点实验室体系重组机遇，依托全省优势学科和创新资源，加强国家重点实验室培育建设，夯实冲击国家实验室、国家重点实验室的后备力量。完善实验动物管理平台体系，支撑生物医药产业创新发展。

（七）完善全链条科技创新服务体系，加速科技成果转移转化

制定《潇湘科技要素大市场分市场及工作站建设工作指引》，指导建设

湘潭、岳麓山大科城等 5 个分市场；征集科技创新需求 209 项，组织需求对接活动近 80 场，促成技术投融资 35 亿元；省自然科学研究系列职称申报评价办法（试行）将技术经纪（经理）人纳入高级职称评审范围，加快培育技术转移专业人才，构筑顺畅高效的成果转化服务体系。新增省级科技企业孵化器 18 家、星创天地 41 家、众创空间 59 家，获批 1 家国家专业化众创空间，新增 2 家国家级孵化器、1 家国家大学科技园，6 家国家级孵化器在全国绩效考核中排 A 类。创新创业大赛 2321 个企业报名，较上届增加54%，报名数居全国第四、中部第一；2 个项目晋级全国总决赛，34 个项目获全国优秀企业奖，获奖数居全国第五、中部第一；参赛企业获创业投资2.23 亿元、授信贷款 9.5 亿元。筛选科创板后备企业库入库企业 69 家，全省 6 家企业登陆科创板。圣湘生物成为沪深两市"抗疫第一股"。启动科技型企业知识价值信用贷款风险补偿试点工作。

（八）改革完善政策机制，打造开放合作的创新生态

深化科技创新计划管理改革，修订《湖南省科技创新计划项目管理办法》，探索建立定向委托、一事一议、揭榜制等项目组织实施方式，有力增加了项目绩效和标志性成果产出。围绕人才成长全链条，优化形成了全覆盖的支持体系，择优支持省科技领军人才（团队）55 人（个），湖湘青年英才 102 人，湖湘高层次人才（团队）35 人（个），博士后创新人才 81 人，大学生创新创业项目 15 个。11 家院士专家工作站落户湖南。6 人获国家杰青、12 人获国家优青项目资助，获批国家高端外国专家引进计划项目 25个。成功举办全国科技活动周重大示范活动"科技列车怀化行"，组织科普活动 200 余场次，全省网络科普和"科技列车怀化行"工作获科技部通报肯定。在全国率先启动世界一流湘版科技期刊建设工程，首批重点扶持 6 个期刊，提升湖南省优势学科领域的话语权和影响力。大力拓展国际与区域科技合作，与日本、俄罗斯、意大利、以色列等国家科技创新合作取得新进展。组织"沪洽周"科技创新专题活动，粤港澳科创产业园启动建设。开展首届潇湘外国专家志愿服务活动。

（九）坚持部门协同、厅市（州）联动，构建"大科技"工作格局

在创新型省份建设领导小组、长株潭国家自主创新示范区建设工作领导小组、加大全社会研发投入行动计划联席会议的统一领导下，各成员单位扎实履行职责，落实各项任务，有力推动科技创新全面融入经济社会发展各领域、各行业。科技厅与各市州加强对接协商，创新资源区域布局更加精准。长沙、湘潭、永州、怀化等4个地市，株洲、常德、益阳、娄底新化等4个高新区，衡阳雁峰区、郴州北湖区、岳阳湘阴县、张家界永定区、邵阳双清区、湘西州泸溪县等6个县市区，落实创新引领战略等政策措施成效明显，获省政府真抓实干表彰奖励，进一步增强各地各部门抓科技、谋创新的责任使命感和工作主动性，下好科技创新"一盘棋"。

2020年，湖南省科技战线克服新冠肺炎疫情等重大挑战，同心协力，奋勇拼搏，实现"十三五"时期各项任务的顺利收官。"十三五"时期，湖南省科技战线坚持以习近平新时代中国特色社会主义思想为指引，大力贯彻落实创新引领开放崛起战略，着力打造以长株潭国家自主创新示范区为核心的科技创新基地，完善科技创新体系，全省科技创新事业迎来快速发展的黄金时期，取得了前所未有的良好成效，为打造具有核心竞争力的科技创新高地打下了坚实基础。

一是创新综合实力迈上新台阶。科技进步贡献率提升至60%；研发经费投入总量实现翻番，跻身全国前十；研发投入强度提升幅度居全国第三、中部第一。湖南省是研发经费投入总量和强度排名同步提升的全国唯一省份。二是创新引领形成新格局。湖南省获批创新型省份，印发实施方案，各项建设任务全面落实。以创新型省份建设为总揽，长株潭国家自主创新示范区、郴州国家可持续发展议程创新示范区、国家级高新区、农业科技园区、创新型城市、创新型县市等创新高地建设加快推进，构建了多点多极支撑的全域创新格局。三是科技攻关取得新突破。超级杂交稻、超级计算机、超高速列车等领域持续领跑世界，航空动力、新材料、深海深地、航空航天等领域创新成果不断涌现，取得重大原创成果和前沿技术120余项。获国家科技

奖励 99 项，通用项目主持获奖数居全国第六。技术合同成交额增长 6.01 倍，一批创新成果加快转化为现实生产力。四是重大科技创新平台建设迈出新步伐。岳麓山种业创新中心，岳麓山工业创新中心，马栏山国家文化与科技融合示范基地，淡水鱼类、木本油料省部共建国家重点实验室，国家应用数学中心，洞庭湖湿地生态系统国家野外科学观测站等一批服务国家战略、引领地方发展的重大创新平台加速布局，首批加入国家自然科学基金区域创新发展联合基金，有力促进全省科技创新提档升级。五是高质量发展注入强劲新动能。高新技术产业保持强劲发展势头，总量即将跨越万亿元大关，增加值增长 55%，高出 GDP 增速 18 个百分点。高企数量是 2015 年的 4.75 倍。工程机械、轨道交通装备、中小航空发动机及航空航天装备等世界级创新型产业集群，电子信息、新材料、新能源与节能等国家级创新型产业集群加速壮大。第三代半导体、碳基材料、纳米生物、光电信息技术等前沿领域加快部署，为未来超常规、跨越式发展储能蓄势。六是普惠民生取得新成效。重金属废水生物处理、冶炼废渣二次利用、城市黑臭水体治理等关键技术，助推湘江母亲河治理"一号工程"。道路交通、自然灾害防范、应急救援、出生缺陷防治等领域的技术攻关和成果示范，有力增强人民群众的幸福感、安全感。茶叶、中药材全产业链、科技特派员创新创业等专项，助力先进适用技术推广和扶贫产业壮大，实现科技专家服务团对所有县市区、科技特派员对所有贫困村两个"全覆盖"，创新资源加速下沉，全力决战决胜脱贫攻坚。七是科技改革催生新活力。发挥敢啃"硬骨头"精神，大胆改革探索，科研院所改制、"两个 70%"成果转化激励、专利权出资注册公司、省校共建产业技术协同创新研究院、科技计划"三分离""五统一"等经验模式获中央改革办、科技部的肯定和推介，"自主创新长株潭现象"深化发展。八是创新生态实现新提升。3 年制定、修订 4 部科技创新法规、规章，出台科研经费管理"二十条"等政策措施，开展科研人员减负、破除"四唯""三评"改革等行动，赋予高校院所和科技领军人才更大自主权。科技人才计划实现体系化布局，5 年增选两院院士 11 人。创新服务实现全链条覆盖，创新主体的获得感和积极性不断增强。国务院第四次大督查将湖南树立为实施创新驱动发展战略、推进创新创业先进典型。"十三五"期间湖南科技创新工作5次获得国务院真抓实干表彰激励。

在看到有利因素的同时，也要清醒地认识到湖南科技创新存在的突出短板和深层次问题。一是产业链创新链"卡脖子"风险需进一步防范。轨道交通、工程机械等产业核心零部件部分依赖进口，种业基因编辑技术、优质种源及配套系掌握在发达国家手中，再加上国际科技合作不同程度受阻，需要高度警醒、未雨绸缪。二是重大科技基础设施建设需进一步加强。国家新一轮科技布局正在谋划，迫切需要全省抢抓机遇，加快实现大科学装置"零"的突破。三是财政科技投入需进一步加大。虽然近几年全省财政科技投入增长较快，但由于基数小，横向比较仍然存在差距。省级财政科技类资金联动投入不够，科技创新重大项目、平台基地、基础设施跨部门综合支持的机制还不健全。对基础研究和应用基础研究重视不够、投入不够，原始创新能力有待加强。四是科技金融结合的渠道需进一步畅通。科技企业"融资难、融资贵、融资慢"，股权投资、创业投资对科技企业的作用发挥得不够充分。天使基金投资机构少，投资总量小，科技金融生态体系亟待健全。五是创新政策体系需进一步贯通。近几年出台了不少科技创新政策法规，很有突破性，但在具体执行过程中，由于部门协同不够，有时难以落实到位。区域之间、不同单位之间的政策有时还存在内容冲突、标准不一等情况。六是科研生态需进一步优化。科学技术发展交叉融合趋势明显，多学科融合是取得突破的关键，封闭式、"小团队"的科研模式必须进行根本性变革。

二 "十四五"时期湖南科技工作面临的形势和任务

（一）面临的形势

一方面，从国际国内形势来看，科技创新是应对复杂严峻挑战、构建新发展格局的战略支撑。"十四五"时期，中国发展仍处于战略机遇期，要求科技创新由量的积累向质的飞跃转变，由点的突破向系统能力提升转变。一是世界百年未有之大变局继续向广度和深度拓展。美国对中国科技创新进行打压封锁和战略遏制的态势逐步升级，中美科技领域已出现局部"脱钩"态势。二是新一轮科技革命和产业变革加速演进，交叉边缘学科的基础研究成为最有可能产生重大突破的领域，人工智能、物联网、量子计算以及数字技术的深度应用将导致产业发生颠覆性变革。三是进入新发展阶段、贯彻新发展理念、构建新发展格局，是谋划推动工作的重要原则和遵循。习近平总书记在省部级主要领导干部学习贯彻党的十九届五中全会精神专题研讨班开班式上强调，构建新发展格局最本质的特征是实现高水平的自立自强，必须更强调自主创新，全面加强对科技创新的部署。四是新冠肺炎疫情防控常态化，要求加快建立完善疫病防控和公共卫生科研攻关体系，把社会民生改善作为科技创新的出发点和落脚点。

另一方面，从中央和省里战略布局来看，科技创新的责任使命前所未有。党的十九届五中全会通过《中共中央关于制定国民经济和社会发展第十四个五年规划和二〇三五年远景目标的建议》，强调"科技创新自立自强"，首次进行专章部署；中央经济工作会议将"强化国家战略科技力量""增强产业链供应链自主可控能力"列入 2021 年的八项重点任务，将科技创新提到了前所未有的高度。近期围绕建设国际和区域科技创新中心、布局国家实验室、优化重组国家重点实验室体系等，科技部积极谋划推进北京国际科技创新中心，G60 科创走廊，京津冀、长三角、粤港澳大湾区 3 个综合类国家技术创新中心等区域布局，国家新一轮科技发展战略布局蓄势待发。习近平总书记打造"三个高地"的指示要求，为湖南在新一轮布局中抢占先机提供了重要机遇。湖南省委十一届十二次全会提出实施"三高四新"战略，明确科技创新"七大计划"，进行体系化部署。时任湖南省委书记许达哲在省委经济工作会议上强调，要以扎实推进创新型省份建设为总揽，建好用好一批重大科技创新平台，实施一批科技攻关项目，突破一批"卡脖子"技术，完善一套产学研用结合的有效机制，形成开放联合的创新生态。湖南省省长毛伟明强调，围绕打造具有核心竞争力的科技创新高地，抢占产业、技术、人才、平台等战略制高点。

湖南将切实增强大局观念和全局意识，把强化湖南优势特色与服务"国之大者"结合起来，积极对接国家科技布局，找准切入点和突破口，推动形成战略科技力量的体系化布局，为科技自立自强提供重要依托；把基础研究、应用研究和产业技术攻关、成果转化结合起来，支持企业把自主创新、原始创新作为最根本、最可持续的竞争力，深化产学研合作，提高科研成果本地转化率，推动产业基础高级化、产业链现代化；把中央、省委省政府关于产业、民生、社会治理等领域的部署要求，与科技部门的工作结合起来，从问题和需求出发，真正解决经济社会发展中的重大科技问题，引领高质量发展和新发展格局。

（二）总体任务和发展目标

1. 总体任务

"十四五"时期是开启全面建设社会主义现代化新征程、向第二个百年奋斗目标进军的第一个五年，也将开启跻身创新型国家前列和建设世界科技强国的新征程。湖南省委、省政府坚持以习近平新时代中国特色社会主义思想为指导，全面落实党的十九大和十九届二中、三中、四中、五中全会精神及习近平总书记对湖南工作系列重要讲话指示精神，坚定不移贯彻新发展理念，全面落实"三高四新"战略定位和使命任务，坚持科技自立自强和"四个面向"，按照"问题导向、前瞻布局、系统构筑、引领未来"总体要求，以推动高质量发展为主题，以深化供给侧结构性改革为主线，以突破关键核心技术为主攻方向，以深化科技体制机制改革为动力，深入推进科技创新"七大计划"，抢占技术、产业、人才、平台制高点，营造一流创新生态，全力打造具有核心竞争力的科技创新高地，为建设现代化新湖南提供强力支撑。

2. 发展目标

到 2025 年，具有核心竞争力的科技创新高地建设取得重大进展，创新驱动高质量发展取得显著成效，科技创新成为现代化新湖南建设的强大引擎。

一是原始创新能力持续提升，形成技术制高点。全社会研发经费投入年均增速大于 12%，基础研究经费占全社会研发经费比重达到 8%，每万人口高价值发明专利拥有量达到 6 件以上，打造若干基础研究深厚、学科交叉融合的高水平研究型大学，取得一批国际水平的重大原创科学研究成果，科技创新源头供给能力进一步提升。

二是产业链创新链深度融合，形成产业制高点。突破一批关键核心技术，在工程机械、轨道交通、航空航天、电子信息等领域打造一批科技领军企业，高新技术企业数量达到 14000 家，规模以上工业企业研发经费支出与营业收入比重达到 2%，技术合同成交额占地区生产总值的比重达到 2.2%，高新技术产业增加值年均增长 10% 以上，培育形成若干世界级、国家级创新型产业集群。

三是高层次人才队伍发展壮大，形成人才制高点。全链条、全谱系的人才引培体系进一步健全，每万名就业人员中研发人员达到 70 人年，引进海内外高层次创新团队 50 个，培育 500 名科技领军人才、1000 名杰出青年科技创新人才，打造一支结构更为合理、衔接更加紧密、支撑更加有力的高层次人才队伍。

四是高能级创新平台加速布局，形成平台制高点。在生物种业、先进制造、生命健康、人工智能等领域培育建设若干国家级重大创新平台，优化形成湖南特色的实验室体系和技术创新中心体系，大科学装置建设实现突破，初步建成长株潭国家区域科技创新中心。

五是科技体制机制改革不断深化，营造一流创新生态。科技"放管服"、科技评价、科研诚信与监督等改革取得重要突破，创新政策体系进一步完善，科技创新治理水平显著提升，科技开放合作拓展新局面，知识产权保护更加有力，各类创新主体和人才的活力进一步激发。公民具备基本科学素质的比例达到 15%。

3. 重点任务

一是聚焦高质量发展，全面加强科技创新部署。围绕产业链部署创新链，围绕创新链布局产业链，持续实施战略性重大科技创新项目，布局十大新兴未来产业，坚决打赢关键核心技术攻坚战，为打造国家重要先进制造业高地提供战略支撑。大力推进以种业为重点的农业科技创新，实施十大农业千亿产业链创新工程，助力乡村振兴。强化碳达峰碳中和、生命健康、公共安全等领域技术攻关与示范推广，支撑绿色湖南、健康湖南、平安湖南建设。打造十大应用场景，创新金融支持机制，深化军民融合发展，加速科技成果转化。

二是聚焦优势特色领域，培育担当国家使命、服务湖南发展的战略科技力量。依托"两区两山"建设，创建长株潭国家区域科技创新中心。大力培育岳麓种业国家实验室，在先进制造、生命科学等领域布局建设湖南省实验室，优化重组国家、省重点实验室，形成新型实验室体系和技术创新中心体系。谋划建设十大科技基础设施，开展 10 项重大科学问题研究，增强科技创新策源能力。

三是聚焦人才第一资源，建设高端人才队伍。深入实施芙蓉人才行动计划，构建全链条、全谱系的人才引培体系，培养战略性科技领军人才、杰出青年科学家和高水平工程师。5 年引进海内外高层次创新团队 50 个，培育 500 名科技领军人才、1000 名杰出青年科技创新人才，形成结构更为合理、衔接更加紧密、支撑更加有力的高层次人才梯队成长格局。完善人才评价与激励机制，优化人才发展环境，激发人才内生动力。

四是聚焦创新主体培育，优化创新创业生态。实施科技型企业"十百千万"培育工程，即引导龙头企业牵头组建 10 个左右高水平创新联合体，支持 100 家左右创新型领军企业做大做强，每年新增高企 1000 家以上，入库科技型中小企业超万家。加强高校协同创新，改革赋能科研院所，壮大新型研发机构，提升创新体系效能。推进 10 项科技体制机制改革，深化科技创新开放合作，传承湖湘文化的创新基因，营造一流创新生态。

三 2021年湖南科技创新重点工作

2021 年是开启全面建设社会主义现代化新征程的起步之年，也是实施"十四五"科技创新规划和打造具有核心竞争力的科技创新高地三年行动方案的开局之年。做好科技创新工作，湖南将以习近平新时代中国特色社会主义思想为指导，全面深入贯彻党的十九大及十九届二中、三中、四中、五中全会精神和习近平总书记考察湖南重要讲话精神，始终坚持"四个面向"，坚持把科技自立自强、强化战略科技力量作为促进发展大局的根本支撑，坚定不移全面落实"三高四新"战略定位和使命任务，以创新型省份建设为总揽，以打造具有核心竞争力的科技创新高地为目标，以改革创新为根本动力，着力推进关键核心技术攻关、基础研究发展、创新主体增量提质、芙蓉人才行动、创新平台建设、创新生态优化、科技成果转化等"七大计划"，确保"十四五"开好局，以优异成绩迎接建党100周年。

发展目标如下：力争科技进步贡献率达到61%，研发投入强度提升0.1个百分点以上；高新技术产业增加值保持12%左右的增速，高新技术产业增加值占GDP的比重达到26%；高新技术企业突破9500家；技术合同成交额突破850亿元；新增30家新型研发机构、10家技术转移示范机构；推动若干有基础、有条件的省级产业园区和工业集中区转型升级为省级高新区。

重点任务是对标科技创新"七大计划"，体系化部署各项工作，狠抓落实落细落地。

（一）实施关键核心技术攻关计划，抢占优势产业制高点

1. 突破"卡脖子"问题

聚焦工程机械、轨道交通、航空航天、新材料、新一代信息技术、生物种业、现代农业、生物医药等产业领域，持续实施关键核心技术攻关行动，完善"卡脖子"技术清单和进口替代清单，部署实施100项重点科技攻关项目，加快突破一批颠覆性前沿技术、"卡脖子"技术和填补国内空白技术，培育壮大一批创新型产业集群。

2. 突破重大民生和优势特色领域关键核心技术

加强"三超三深"等优势特色领域部署，为国家贡献战略科技力量。创新科技体制机制，探索关键核心技术攻关新型举国体制的湖南模式，推动创新资源进一步聚焦。围绕重点产业、重大民生领域，实行攻关任务"揭榜挂帅"。组织实施一批科技创新重大项目和重点工程，集中优势力量，以

龙头企业和高校院所为主体，加强和推进各学科、领域、行业、区域的协同创新、开放创新，组织联合攻关和科技成果转化。

3. 突破产业链关键共性技术

围绕产业链部署创新链，瞄准全省产业链供应链的"卡链处""断链点"，组织实施产业链关键共性技术攻关和高新技术产业科技创新引领计划，着力增强产业链供应链自主可控能力。对于有利于填补国内空白技术的项目，采取"一事一议"方式，给予重点支持。

（二）实施基础研究发展计划，抢占原创技术制高点

1. 聚焦重大科学问题

加强对关键核心技术中的重大科学问题的研究，重点支持人工智能感知与传感、新材料与储能、深海资源、智能制造、生物种业、人口健康、重金属治理、防灾减灾等方面的重大科学问题研究，着力实现从0到1的重大科学突破，抢占前沿科学研究制高点。

2. 加强"双一流"建设

支持"双一流"高校建设，依托优势学科和前沿交叉领域，积极布局一批基础研究平台，加大持续稳定支持力度。启动实施自然科学基金重大项目"揭榜制"，强化省自然科学基金的原创导向，加强对数学、物理等重点基础学科的支持，强化学科交叉融合，培育新的学科发展方向。加快培育世界一流湘版科技期刊，提升国际影响力和话语权。

3. 完善基础研究投入机制

推动建立省级财政对基础研究的长期投入预算制度，鼓励企业和社会以捐赠和建立基金等方式多渠道投入，不断提升科技创新源头供给能力。

（三）实施芙蓉人才行动计划，抢占创新人才制高点

1. 集聚高端创新人才

设立院士成果转化专题资金，加快筹建湘籍院士产学研园区、院士小镇，联合建设院士专家工作站等，打造一批技术攻关和科技成果产业化标志

性工程。发挥科技创新战略咨询专家委员会、院士咨询与交流促进会作用，落实院士带培制度，壮大院士后备人才队伍。建立靶向引才、专家荐才机制，培养和引进一批高素质的创新人才和紧缺急需高层次人才。

2. 引育青年专业人才

大力引进国内外高层次科技创新人才，加大柔性引才力度。加快培育高层次中青年科技创新人才队伍，大力推进"优秀博士后创新人才""湖湘青年英才""科技领军人才"及国家"杰青""优青"等人才支持计划。按照全面覆盖、梯次推进的原则，进一步完善多层次、全方位的科技创新人才计划支持体系。

3. 健全人才服务体系

启动建设"芙蓉国际人才创新创业服务基地"，指导筹办国际化人才"双促双升"行动，为在湘创新创业外国专家提供更好的综合性专业服务。完善科技专家服务团和科技特派员制度，选派一批懂技术、会管理的科技专家深入农村主战场、企业生产一线，服务乡村振兴发展和产业转型升级。深入实施《关于进一步完善科技人才评价机制的实施办法》，突出评价成果质量、原创价值和对经济社会发展实际贡献。加大人才政策支持力度，特殊人才实行特殊政策，落实国家重点实验室主任等高层次人才所得税优惠政策。

（四）实施创新平台建设计划，抢占创新平台制高点

1. 聚力"两山两区三中心"建设

深入实施长株潭国家自主创新示范区建设三年行动计划，着力推进"创新谷"、"动力谷"、"智造谷"、岳麓山大学科技城、马栏山视频文创园等建设。围绕水资源可持续利用与绿色发展，加快建设郴州国家可持续发展议程创新示范区。力争国家耐盐碱水稻技术创新中心落地，加快推进湖南国家应用数学中心和基础学科研究中心建设，深入推进岳麓山种业创新中心建设，加快实体化运作，加快建立若干专业研究中心。加快岳麓山工业创新中心建设，按照"成熟一个、启动一个"推动创新分中心和研究院建设。强化顶层设计，启动省级技术创新中心建设，推动国家超级计算长沙中心天河

计算机升级换代。

2. 加强国家重点实验室建设培育

对标国家重点实验室体系重组要求和方向，坚持一手抓现有国家重点实验室能力提升，一手抓后备力量培育，加大对现有国家重点实验室的支持力度，启动建设一批国家重点实验室培育基地，分步实施、有序推进，积极争取更多国家重点实验室在湘布局。

3. 打造区域创新高地

加快培育和建设创新型城市、创新型县市。推进粤港澳科创产业园建设落地。实施园区高质量发展行动，加快宁乡、岳阳临港、娄底高新区升级国家高新区，支持各高新区和农业科技园区围绕主导（特色）产业创新发展。推动永州等有基础的国家农业科技园区创建国家农业高新技术产业示范区。

（五）实施创新主体增量提质计划，增强自主创新能力

1. 深化"增量提质"行动

实施高新技术企业百强评价及经济贡献奖励，引导高新技术企业做大做强。实施产业领军企业"头雁领航"工程，支持企业牵头组建创新联合体，带动产业链创新链上下游企业协同创新和产学研深度融合。落实普惠性奖补、税收优惠政策，大力孵化培育科技型中小企业，逐步形成"科企—高企—小巨人—上市领军型"企业梯度培育体系。

2. 深化科研院所改革

选择1~3家科研院所开展改革试点，推动《关于进一步深化科研院所改革推动创新驱动发展的实施意见》落地实施。对重点领域研究基础较强的科研院所实行"一所一策"，加快转型发展，培育国际国内一流科研院所。

3. 培育新型研发机构

坚持系统设计和分类指导，积极引导建设产业技术协同创新、产业联合创新、企校联合创新、专业研究开发等新型研发机构。大力培育发展专业化孵化载体，鼓励高新区等载体围绕园区主特产业，引进培育建设专业孵化器、众创空间和星创天地。

（六）实施创新生态优化计划，支撑改革开放高地建设

1. 加强顶层设计部署

编制出台"十四五"时期科技创新规划和科学普及规划，实施打造具有核心竞争力的科技创新高地三年行动方案，谋划落实一批重大标志性项目平台、加快推进一批重大科技创新项目。争取省人大常委会支持，开展高新技术发展条例执法检查，促进相关政策落实落地。

2. 深化科技"放管服"改革

精简优化管理环节，规范管理权责边界，建立"全流程、全覆盖"的项目管理制度体系。试点科研项目经费"包干制＋负面清单制"改革。进一步规范横向科研项目及经费管理，增强产学研合作内生动力。

3. 深入科技交流合作

加强国际科技创新合作，主动对接国家"一带一路"科技行动计划，实现科技合作"引进来"与"走出去"的相互结合，提高开放合作创新能力。依托中国（湖南）自由贸易试验区制度创新优势，加快集聚国际项目、平台、人才。积极推进与西藏、新疆、宁夏、海南等地的科技创新合作，加强与中国科学院、中国工程院、国内知名高校和企业的科技创新合作。拓展与香港、澳门、台湾等地科技合作，探索园区共建、科创飞地等异地合作模式，树立对接粤港澳科技创新合作标杆。

（七）实施科技成果转化计划，引领新动能加速成长

1. 健全成果转化政策机制

加强《湖南省实施〈中华人民共和国促进科技成果转化法〉办法》及相关法规政策的宣传。完善和用好科技创新成果、行业共性需求、企业技术需求、企业融资需求"四张清单"，为后发地区创新、湘南湘西承接产业转移等提供更加精准的支持。

2. 完善成果转化服务体系

建设一批潇湘科技要素大市场分市场和工作站，扩大潇湘科技要素市

场体系的覆盖面,促进技术要素全域市场化流动。培育建设 10 家左右省级技术转移示范机构,抓好国家技术转移人才培养基地(湖南)建设,有序开展初级、中级技术经纪人和高级技术经理人培训,新增各级技术经纪(经理)人 1500 名左右。办好创新创业大赛,促进更多优秀科技成果转移转化。

3. 促进军民融合发展

支持省创新公司探索设立并运营科创天使投资母基金,推动国防科大 GC、激光陀螺、自主可控计算机、DSP 芯片、北斗、碳化硅、量子点激光器等一批先进成果在湘转化和产业化。

4. 支持科技金融发展

开展科技型企业知识价值信用贷款风险补偿试点,联合省内金融机构探索多元化的科技创新投融资服务模式。建立完善省级科技型企业上市后备库,推动科技型企业在科创板、创业板上市挂牌。加快建设科技创新专板,力争 2021 年挂牌企业达到 40 家。

专 题 篇
Special Topics

B.5
湖南制造业创新发展情况与展望

湖南省工业和信息化厅

摘　要： 2020年，湖南省工业和信息化系统坚决贯彻习近平总书记考察湖
南重要讲话精神和对湖南工作系列重要指示批示精神，坚决落实
中央决策部署以及制造强国、创新驱动发展等国家战略，以供给
侧结构性改革为主线，以产业链为抓手，全面推进制造强省建设，
推动制造业高质量发展，特别是发挥创新对制造业发展的战略支撑
作用，心系"国之大者"做出湖南贡献。2021年，湖南省工业和信
息化系统将按照《关于打造"三个高地"促进湖南高质量发展的
实施方案》（湘办发〔2021〕7号）、《湖南省制造业创新能力提
升三年行动计划（2021－2023）》（湘工信科技〔2020〕510号）
的工作部署，以"强主体、促协同、破瓶颈、铸品牌"为主线，强
化企业创新主体地位，促进产学研深度融合，健全技术创新体系，
打造湖南制造品牌，切实提升制造业创新能力和核心竞争力。

关键词： 湖南　制造业　创新　产业链

一 2020年湖南制造业创新情况

2020 年,湖南省工业和信息化系统以创新引领、开放崛起战略为指导,坚持围绕产业链部署创新链、围绕创新链布局产业链,强化企业创新主体地位,增强产业链供应链自主可控能力,打好产业基础高级化和产业链现代化攻坚战,企业质量品牌建设能力不断增强,制造业创新能力显著提升,为推动制造业高质量发展、加快制造强省建设提供了有力支撑。2020 年,湖南省规模工业增加值增长 4.8%,增速居全国第 12 位。

(一)坚持产业链思维抓创新

坚决贯彻习近平总书记"围绕产业链部署创新链,围绕创新链布局产业链"等重要指示精神,湖南省出台了产业链政策升级版,持续落实省领导联系产业链制度,实施"一条产业链、一名省领导、一套工作机制",坚持抓产业链的做法和成效得到习近平总书记肯定。一是围绕产业链突破关键核心技术。对 438 家产业链重点企业主要技术优势和主要短板技术进行全面梳理,编制发布 IGBT 等 3 个产业链技术创新路线图,取得一批重大成果。聚焦工程机械、轨道交通等优势产业关键共性技术,突破 IGBT、中低速磁悬浮列车、永磁同步电机传动系统等"卡脖子"技术并形成产业化能力。立足全省信创工程、新材料、集成电路装备等领域基础优势,组织参与国家工业"四基"攻关,"神经网络芯片"等项目列入工信部揭榜攻关重点任务名单。二是围绕产业链实施创新项目。湖南省委、省政府持续推进以"五个 100"为具体抓手的产业项目建设,其中由省工信厅牵头实施的有 100 个重大产品创新项目,截至 2020 年底,累计实施项目 222 个,累计完成投资283.98 亿元,实现销售收入 704.31 亿元,已竣工投产 96 个,获得专利1088 项。对重大技术装备首台套、重点新材料首批次产品推广应用进行认定奖励,铁建重工累计研制全球或全国首台(套)装备产品 50 多项,大直径硬岩隧道掘进机等产品整体达到国际先进水平。支持产业链企业承担国家产业基础再造项目，截至 2020 年 12 月，共获工信部批复的工业强基项目 14 个、资金 3.29 亿元，技术改造项目 15 个、资金 4.77 亿元。三是围绕产业链集聚创新资源。举办 2020 走进中国商飞合作对接会等 17 场产业链精准招商或产业对接合作活动，推动三安光电第三代半导体、中石化巴陵己内酰胺搬迁、中联智慧产业城、三一云谷产业园等重点项目加快实施。制造强省等财政专项资金重点支持产业链创新，通过发布产融合作"白名单"、举办融资对接会等方式引导信贷资金向产业链倾斜，近 3 年累计发布 2691 家制造业"白名单"企业，其中 90% 以上获得银行贷款。2020 年，举办的制造强省融资对接会有 1020 家制造业企业获得 908 亿元贷款，省中小企业融资服务平台为小微企业争取续贷 20.54 亿元。

（二）突出企业主体地位抓创新

湖南省坚持做强大企业、培育小巨人，构建以企业为主体的技术创新体系。一方面，发挥龙头企业的创新引领作用。工程机械产业的三一重工、中联重科、铁建重工和山河智能等龙头企业逐步成长为工程机械领域的世界级企业，开始与卡特彼勒、小松等全球巨头同场竞技，带动行业创新能力不断提升，制修订国际标准、国家标准 400 余项，混凝土机械、建筑起重机械、大直径硬岩掘进机等多项产品的技术水平全球第一。轨道交通装备产业的中车株机、中车株所与 400 余家紧密配套企业形成集群效应，成为国内最大的研发生产和出口基地，成功研发全球首款智轨列车、全球最大功率电力机车"神 24"、中国出口欧盟首列动车组"天狼星号"等创新产品。航空动力产业以 331 厂、608 所、中航飞机起落架有限责任公司等军工央企为龙头，承接国家战略任务，形成国内最完整的研发设计、试验验证、生产制造体系，中小航空发动机规模居全国第一，国庆 70 周年阅兵直升机的发动机 90% 产自株洲，涡轴、涡桨发动机等主导产品的国内市场占有率达 75% 以上，飞机起降和机轮刹车系统技术打破国际垄断。工程机械、轨道交通装备、中小航空发动机三大产业集群服务国家战略参与全球竞争的成效与做法，在全国工业和信息化工作会议上得到推介。另一方面，激发中小企业创新活力。引导支持中小企业走专精特新发展之路，参与工业"四基"建设。2020年，新增国家级制造业单项冠军8个、省级20个，国家级专精特新小巨人企业60家、省级267家。截至2020年12月，全省累计认定1018家专精特新小巨人企业，其中70家成为国家级专精特新小巨人企业。实施中小企业技术创新"破零倍增"行动计划（2020~2022），推动每年实现300家以上中小企业发明专利零的突破，中小企业发明专利授权量、研发投入强度、新产品综合效益和"专精特新"小巨人企业数量倍增。2020年，全省共有1633家企业实现发明专利"破零倍增"，其中335家企业实现发明专利"破零"，"破零"企业新增发明专利申请1148项，新增发明专利授权538项，实现发明专利产品销售额83.9亿元，发明专利产品利润6.9亿元。

（三）构建多层次平台抓创新

从区域、行业、企业等层面着手，湖南形成制造业领域的创新平台体系。一是创建国家级产业创新平台。成功创建国家级车联网先导区，国家智能网联汽车（长沙）测试区和国家先进轨道交通装备创新中心等一批国家级产业创新平台正式揭牌。望城经开区获评第三批国家双创升级特色载体，4家单位获评国家小型微型企业创业创新示范基地。举办世界计算机大会、互联网岳麓峰会、长沙国际工程机械展等重大活动，成为引进产业、项目和技术的重要平台。2018年以来连续举办三届"创客中国"湖南中小微企业创新创业大赛，形成各类对接成果560余项。二是建设以制造业创新中心为引领的行业创新平台。株洲国创获批全国轨道交通领域唯一国家制造业创新中心，认定10家省级制造业创新中心，形成"1+10"创新中心发展格局，组织实施国家级和省级重点项目近30项，突破了微机电系统、SiC模块等19项关键共性技术和激光清洗设备等关键产品，申报专利近100项，形成了多项国际、国家标准。三是建设多类型的企业创新平台。2020年，全省新增5家国家技术创新示范企业。截至2020年12月，全省国家技术创新示范企业达到31家，数量居全国前列，全省获批国家技术创新示范企业31家，国家级企业技术中心57家，湖南航天天麓获批国家新材料测试评价平台区域中心，铁建重工获评国家级工业设计中心，全省累计认定 381 家省级企业技术中心。四是搭建政产学研用协同创新平台。借鉴德国弗朗恩霍夫模式，湖南省工信厅与湖南大学共建智能运载系统创新中心，已中标国内最大矿区自动驾驶系统订单。与国防科大等 6 所省内高校建立成果产业化长效机制，搭建企业与高校之间科技成果转化桥梁，收集梳理出 102 个拟成果产业化项目，积极推动转化落地。鼓励企业牵头组建攻关联合体，围绕自然灾害防治技术装备等领域开展攻关。围绕产业链强链补链的关键共性技术（产品）"揭榜挂帅"，组织龙头企业、高等院校和创新团队协同攻关。

（四）紧盯战略新兴抓创新

一方面，聚焦战略产业为解决"卡脖子"问题贡献湖南智慧。湖南成为全国 6 个信创工程"示范引领"省份之一，以 CPU、GPU、DSP 等为代表的自主可控芯片走在全国前列、具备自主知识产权，建设全国第二个国家网络安全产业园区，初步形成以 PK 体系、鲲鹏计算为特点的信创工程产业链和产业生态。中车时代建成国内首条 8 英寸 IGBT 芯片生产线、6 英寸碳化硅 MOSFET 生产线，形成了整套具有自主知识产权的 IGBT 芯片及模块"设计—工艺—应用"产业化技术。构建了第三代半导体材料、装备—设计、制造—应用全产业链，中电科 48 所是国内唯一具备高温高能离子注入机、高温外延生长、高温氧化/激活等第三代半导体 SiC 功率器件成套关键装备供应能力的单位，时代半导体、三安光电、比亚迪半导体、泰科天润、天岳等一批企业集聚。新型显示以蓝思科技、惠科光电、湖南邵虹等企业为龙头，针对基板玻璃、蓝宝石等被康宁等美日公司垄断领域全力攻关。另一方面，瞄准新兴产业打造湖南特色。移动互联网领域，出台数字经济发展规划、移动互联网政策 3.0、全国首个区块链产业发展行动计划等政策文件。发布"数字新基建"标志性项目 100 个、人工智能和"5G + 制造业"应用场景 38 个，建设首个"5G + 工业互联网"先导区、2 个省级区块链产业园。2020 年全省移动互联网产业营业收入达 1618 亿元，同比增长 22%，连续 7 年高速增长，互联网企业总数超过 4 万家，50 余家知名软件和互联网企业在湖南设立全国或区域性总部，长沙逐步成长为"移动互联网产业第五城"，互联网岳麓峰会被打造成为"冬有乌镇、春有岳麓"行业品牌。工业互联网领域，已有各类工业互联网平台近 100 个，具有一定区域、行业影响力的平台 20 余个，工业 App 数量达 1.82 万个，树根互联成为全国首批十大"双跨"平台之一，中电互联、中科云谷等入选全国工业互联网平台 30 佳，5 家企业获评工信部工业互联网应用试点示范，优力电驱成为全国 35 个工业互联网平台创新应用案例之一。2020 年，新增中小企业上云 10.14 万家、上平台 7384 家、标杆企业 40 家，入选全国企业上云典型案例 4 家、数量居全国第一。截至 2020 年 12 月，全省中小企业"上云"累计达 32.86 万家，"上云上平台"标杆企业累计 129 家。智能网联汽车领域，湘江新区先后获批国家智能网联汽车（长沙）测试区和国家级车联网先导区，建设并启用"两个 100"项目、城市出租无人驾驶试点示范区，开通全国首条智慧公交示范线，聚集百度、地平线、京东无人车等企业 340 余家，长沙智能网联汽车产业集聚效应不断增大。

（五）围绕质量品牌提升抓创新

一是提升企业质量管理能力。组织开展"湖南省工业质量标杆"培育认定工作，通过典型引领，推广应用先进适用的质量管理模式和方法。全省拥有全国质量标杆企业 12 家，2020 年，10 家企业被评为"湖南省工业质量标杆"，目前，省级质量标杆企业共有 38 家。二是指导建设产业技术基础公共服务平台。择优推荐了湖南省计量检测研究院、国家建筑城建机械质量监督检验中心等 4 家单位申报 2020 年度工信部产业技术基础公共服务平台，增强产业质量基础设施效能。三是增强企业品牌培育能力。以工业品牌培育试点、示范企业为抓手，引导试点企业深化品牌意识，学习品牌培育专业知识，指导试点企业建立品牌培育工作机制，建立实施品牌培育管理体系，有效开展品牌培育活动。目前，全省工业品牌培育试点企业达到 420 家，省工业品牌培育示范企业 47 家。四是推进企业标准化体系和知识产权运用保护能力建设。积极支持企业主导或参与标准制修订，共支持 240 余个省地方标准项目立项、送审或发布报批，与省市场监督管理局联合组织多家行业骨干企业开展新兴优势产业标准化试点。举办多期"全省工业质量品牌建设暨知识产权运用培训班"，工业企业质量品牌建设和知识产权运用保护能力和水平进一步提升。

同时，湖南制造业创新发展仍然存在一些差距和不足。基础能力依然薄弱，关键核心技术受制于人，"卡脖子""掉链子"风险仍然存在，产业链供应链自主可控能力亟待增强；技术创新研发投入不足，科技创新成果转化率较低，新产品的品种数和质量亟待提升；以企业为主体的制造业创新体系还需进一步优化，技术创新服务支撑体系还不完善；民营企业、中小企业高新技术人才匮乏，缺少高素质的技术带头人、学术带头人和创新型企业家队伍；湖南制造业品牌数量偏少、影响力偏弱、含金量偏低等问题还较为突出，尤其是缺少"记得住、叫得响、走得出"的中国名牌、国际大牌。

二 2021年湖南制造业创新发展思路

"十四五"开局之年，湖南省工业和信息化系统以习近平总书记考察湖南重要讲话精神和党的十九届五中全会精神、省委十一届十二次全会精神为指导，按照《关于打造"三个高地"促进湖南高质量发展的实施方案》（湘办发〔2021〕7号）、《湖南省制造业创新能力提升三年行动计划（2021－2023）》（湘工信科技〔2020〕510号）的工作部署，以"强主体、促协同、破瓶颈、铸品牌"为主线，加快提升制造业创新能力和核心竞争力，为打造"三个高地"、担当"四新"使命持续提供新动能、新优势。

（一）强化企业创新主体地位

一是推进新产品研发。围绕高端装备自主突破、新材料首批次应用、消费品提质升级和数字经济等领域，评选发布全省年度十大标志创新产品和年度创新产品 50 强名单。二是实施"100 个重大产品强基项目",着力在重大技术装备、核心技术、关键元器件(零部件)、重要基础材料等领域提升自主可控能力。三是创建技术创新示范企业。以培育国家技术创新示范企业为抓手,引导企业加大研发投入,健全研发人员激励机制,鼓励企业加快自主开发、建设引进技术消化吸收能力,提升企业技术创新水平,争创 3 家国家技术创新示范企业。

(二)加快技术创新体系建设

把推动创新中心建设作为工信系统落实"科技自立自强"的主要抓手,加快建设以制造业创新中心为核心节点,企业创新中心、产学研创新联合体等构成的多层次、网络化制造业创新体系。一是创建国家级创新平台。集中力量,争取在工程机械、功率半导体等领域再创建 1~2 家国家制造业创新中心。二是创建行业创新平台。围绕工业新兴优势产业链、重点产业集群,再培育 3 家以上省级制造业创新中心。三是创建企业创新平台。围绕行业龙头骨干企业,新认定 20 家企业创新中心。

(三)紧盯关键核心技术攻关

一是发布关键共性技术引导目录、技术创新路线图。对工业新兴优势产业链和重点产业集群进行梳理和分析,找出关键共性技术和弱项短板,引导行业龙头企业和社会创新资源开展攻关。二是每年开展 50 项产业关键共性技术(产品)研发攻关。着力固根基、锻长板、补短板,拉长长板,增强发展主动权,补齐短板和弱项,确保关键时候不"掉链子",通过应用牵引、整体带动、"揭榜挂帅"等新机制,组织龙头骨干企业、高等院校和创新团队协同攻克产业关键共性技术(产品)。

(四)打造湖南制造知名品牌

一是推动企业质量管理升级。培育认定 20 家"湖南省工业质量标杆",抓好"工业质量标杆"的培育和标杆经验的移植推广工作。组织 200 名重点企业质量品牌工作负责人或骨干参加全国质量标杆、品牌建设学习交流活动。二是强化企业质量主体责任。组织200家重点企业开展质量信誉承诺活动。开展质量管理（QC）小组、质量信得过班组、质量现场管理、"质量月"等群众性质量活动。三是提高质量技术基础水平。充分发挥先进标准的引领作用，促进高新技术专利化、重点专利标准化。支持研发设计、可靠性验证、计量、检验检测等产业质量技术基础公共服务平台建设。四是增强工业品牌培育能力。围绕20个工业新兴优势产业链及"3+3+2"产业集群龙头骨干企业，新增50家工业品牌培育试点企业，培育认定20家"湖南省工业品牌培育示范企业"。五是加快知识产权能力建设。引导工业新兴优势产业链、行业龙头骨干企业加强知识产权的创造和布局，创造和储备一批关键核心技术知识产权，形成一批具有产业竞争力的高价值专利组合。

B.6
2020年湖南农业科技发展情况报告

湖南省农业农村厅

摘　要：　2020年，湖南省农业农村部门认真贯彻落实习近平总书记关于"三农"工作重要论述和对湖南工作的重要指示，在省委、省政府的统一领导下，以实施乡村振兴战略为总抓手，克服新冠肺炎疫情和自然灾害频发等不利因素影响，大力推进农业稳产保供和精细农业发展，组织实施"六大强农"行动，积极开展农业科技创新、成果转化和科技服务等各项工作，为全省农业现代化提供强力支撑。

关键词：　农业科技　科技创新　稳产保供　精细农业

一　农业科技创新取得新成绩

（一）突出关键难点强化科技攻关

1.种业创新取得新突破

种业创新基础良好。以袁隆平院士为代表的农业科技人员，通过协作攻关，自主选育了一大批水稻等农作物新品种，2020年有柒两优785、先玉1795、湘春2901、湘X1067等121个水稻、玉米、大豆、棉花等主要农作物新品种通过审定。其中，两系杂交稻新品种悦两优2646和三系杂交稻泰优农39米质达到国标一等，实现一等稻高档优质杂交稻品种"零"的突破。养殖业方面，以地方品种猪为母本，育成了湘村黑猪、湘沙猪配套系等具有自主知识产权的畜禽新品种。其中，湘沙猪配套系于 2020 年 10 月通过了国家畜禽遗传资源委员会正式审定，是湖南省第一个通过国家级审定的畜禽配套系，通过建立繁育制种体系，扩大种猪群体规模，湘沙猪配套系母系种猪、商品猪已在湘潭、娄底、怀化、株洲、衡阳等地进行示范推广，产生了较大的经济、社会效益。

2. 超级稻高产攻关再次刷新纪录

在袁隆平院士率领下，超级稻高产攻关项目已连续突破亩产 700 公斤、800 公斤、900 公斤、1000 公斤和 1100 公斤大关。2020 年，袁隆平院士领衔的第三代杂交水稻双季亩产达 1530.76 公斤，再次刷新纪录。在农业农村部认定的 133 个超级稻品种中，湖南作为第一完成单位的有 21 个。晶两优华占、Y 两优 900、盛泰优 722 等 3 个品种获 2020 年十大优质籼型超级稻品种。全省超级稻示范推广面积连续多年稳定在 2000 万亩，是全国超级稻面积较大的省份之一，为粮食安全和实现"藏粮于技"做出了新的贡献。

3. 绿色、轻简、实用技术研究集成与示范扎实推进

围绕主要农作物品质提升，机械化生产和农药控量、化肥减施等绿色发展战略需求，研究集成与示范推广了水稻全程机械化生产技术、辣椒避雨栽培技术、茶苗快速繁育技术、水果"三减一增"（减化肥、减化学农药、减损耗、增效益）生产等农艺农机融合技术，适时播栽、合理密植、病虫害综合防治等关键增产增效技术到位率超过 95%。实施优质湘猪工程，推进生猪产业高质量发展，2020 年全省生猪全产业链产值达到 4210 亿元，是农业产业中增幅最大的优势产业。袁隆平院士牵头主持的"三分地养活一个人"粮食高产绿色科技创新工程强劲推进，研究集成和推广了"双季优质超级杂交稻、一季超级杂交稻 + 再生稻、超级杂交中稻 + 马铃薯、春玉米 + 一季优质超级杂交晚稻、优质超级杂交稻 + 养殖"等多种生产模式和技术，多个示范点超过了"周年亩产折合原粮 1200 公斤"的预期目标，其中，醴陵市的双季优质超级杂交稻模式，示范区早稻平均亩产 564.2 公斤，晚稻平均亩产量 653.3 公斤，周年亩产为 1217.5 公斤；茶陵县的一季超级杂交稻 + 再生稻模式，示范区头季稻平均亩产 828.5 公斤，再生季平均亩产

375.7 公斤，两季亩产量为 1204.2 公斤；浏阳市春玉米＋一季优质超级杂交晚稻模式，示范区春玉米平均产量 614.1 公斤，一季晚稻平均亩产 590.5 公斤，周年亩产为 1204.2 公斤。通过绿色技术示范推广应用，全省化肥、农药使用量实现负增长，畜禽粪污综合利用率达 85% 以上，秸秆综合利用率达 87%。

4. 水稻、油菜等生产机械化水平不断提高

紧扣水稻生产全程机械化重点，深入实施农机"三减量"行动，着力突破机插秧、机植保、机烘干等薄弱环节，湖南省水稻生产全程机械化快速推进，全省水稻耕种收综合机械化水平达到 78.4%，其中水稻机插（抛）率达 39.2%。按照农机农艺融合要求，积极探索稻油轮作等种植模式，大力推广油菜高密度机械化直播技术，油菜生产机械化加速推进。2020 年全省种植油菜 1989 万亩，其中机耕 1736 万亩、机播 678 万亩、机收 1114 万亩，油菜耕种收综合机械化水平达到 62%。

（二）充分发挥农业科技创新支撑体系作用

1. 现代农业产业技术体系作用进一步发挥

目前，建设了水稻、生猪、油菜、水果、蔬菜、茶叶、水产、草食动物、中药材和旱粮等 10 个省级现代农业产业技术体系，共有顾问 1 名、首席专家 10 名、岗位专家 68 名、试验站站长 57 名。选育了隆晶优 2 号、沣油 737 等一批新品种，研究和集成示范了水果"三减一增"技术、油菜全程机械化生产和缓释复合肥新技术等，形成了杂交水稻机械化制种技术规程、长研青香辣椒栽培技术规程、长大杂母猪饲养管理技术规程等一批生产技术标准，为精细农业发展和现代农业"科技化、良种化"提供技术支撑。

2. 科技服务方式不断创新

结合"六大强农"行动的强力推进，先后实施了"万名科技人员服务农业农村发展""农业科技人员服务农业农村发展"等行动，成建制组建科技扶贫专家服务团，实现全省 123 个县市区科技专家服务团全覆盖，为现代农业发展提供了强有力的技术指导。制定下发水稻、旱粮、油菜等 15 个主

导产业技术指导意见。为应对突发事件和灾害天气，组织省产业技术体系专家线下举办技术培训班 500 余次，在湘农科教云平台等进行技术操作直播活动 22 次，线上服务 7 万多次。

3. 基层农业技术推广体系公共服务能力逐步提高

结合实施农业农村部的基层农技推广体系改革与建设项目重点开展了四个方面的工作。一是安排专项经费对乡镇农技人员进行培训和学历提升，不断强化基层农技推广队伍建设。2020 年，培训基层农技人员 5600 人次，免费支持农技人员学历提升 401 人，其中中专（高中）升专科 93 人、专科升本科 246 人，支持 62 人攻读农业推广硕士。二是坚持典型引路，大力开展农技推广示范基地建设。2020 年，全省共创建各类技术示范片 50 个。其中，稻油轮作"三化"技术示范片，水稻亩产超 700 公斤、油菜亩产超 200 公斤；稻田综合种养技术示范片亩效益达到 2000 元以上。三是遴选发布农业主推技术。2020 年共遴选发布稻油轮作"三化"（优质化、轻简化、机械化）技术等 20 项，由湖南省农业农村厅办公室行文对外发布，有效促进了先进实用技术的进村入户。四是引导和鼓励广大农技人员在农业生产的重要时节、关键环节，全力以赴深入生产一线，手把手、面对面、心贴心地传授实用技能，切实加强技术指导服务。全省主要农作物良种覆盖率达到 96% 以上，主推技术的应用率在 95% 以上。

（三）着力加强高素质农民培育

统筹各类院校、科研院所、农技推广机构、龙头企业、新型经营主体等资源，广泛调动社会力量参与，形成上下联动、差异互补的立体化、多元化培育体系。截至 2020 年底，已建立完善的农民培育信息管理系统中有培训机构 587 家、培育师资库 5516 人，分类型、分产业、打造示范实训基地 717 个，培育有文化、懂技术、善经营、会管理的高素质农民 22.4 万人。充分利用湘农科教云平台及国家云上智农等开展线上培训，拓宽了培训方式。截至目前，湘农科教云平台上线农业课程和农业技术视频超 5000 个，平台注册用户数已达 22 万，其中专家和农技人员 2.9 万人，以高素质农民为主体的农民用户 19 万人。与省委组织部等 6 家单位联合印发《科技专家服务团"村播带货"科技服务活动工作方案》，对所有经营管理类型培训班增设直播带货电商教学、农业机械化课程，收到较好效果。如永州市农业农村局举办了 20 期农村电商培训班，培养新业态、新产业、新模式人才 1000 多人，培训直播期间带货金额达 20 余万元。全省也涌现上千名农产品销售电商网红达人。

（四）不断提升现代农业信息化程度

建成湖南省消费扶贫示范中心、贫困地区优质农产品展示中心、优质农产品产销体验中心，搭建"湖湘农事""芒果扶贫云超市""湘农荟"等贫困地区产销对接网络平台。2020 年全省建成益农信息社 1.9 万余个，招募确定县级运营商 119 家。3800 余个益农社与中国建设银行"金湘通"站点合作共建，实现助农取款、社保、生活缴费等 9 项民生服务在村一级的直接办理，累计产生交易 27.25 万笔，达成交易额 1.09 亿元，其中助农取款4.12 万笔。按照一村一信息员原则，组建了一支 2 万余名的信息员队伍，围绕系统操作、信息采集、商务运营等，开展培训 3.69 万人次。

二　存在的主要困难

农业科技取得了较好成绩，但依然存在不少困难和不足。农业科技创新和产业支撑方面存在的困难，主要体现在三个方面。

（一）农业科技支撑能力需进一步提升

尽管湖南省农业科技取得了一定的成绩，但与快速发展的农业农村现代化要求不相适应，特别是在现代种业、农业生产机械、农产品加工技术与装备、农业生态环保、农产品质量安全、农业信息化智能化以及绿色高效种养技术等方面，仍有较大差距。当前，湖南省农业农村发展处于重大转型时期，种粮成本增加、效益偏低，自然灾害多发重发，非洲猪瘟、柑橘黄龙病等重大动植物疫情防控形势严峻，稳定粮食、生猪等重要农产品生产压力较大，农业农村科技创新需求更加迫切。农业科技支撑力不强，直接影响农业生产效率和高质量发展。农业科技支撑力不强，农业产业难以做大做强，在国际和国内市场竞争中就缺少竞争力。

（二）农业科技创新能力需进一步加强

全球正进入一个创新密集的时代和新一轮技术革命的爆发期，分子生物学、基因工程、现代种业、智能农业、农业物联网、农业生物制造等新兴领域快速崛起，以纳米技术、精密加工、数控装备为代表的高端化、集成化趋势方兴未艾，并广泛渗透到农业农村各领域，农业科技创新将迎来新一轮变革。相比之下，湖南省农业科技创新能力，既有核心技术上的短板，又有创新经费少和农业创新人才、研发平台上的先天不足，严重影响了农业科技纵深研发，受制于人的"卡脖子"风险仍然存在。

（三）农业技术推广应用力度需进一步加大

打通农业科技下乡"最后一公里"，使农民成为新技术、新品种推广的直接参与者和受益者，让农业科技成果实现产业化，是推进农业转型升级、实现乡村振兴的必然要求。湖南省多年的农技推广体系改革建设取得了显著效果，但农业技术推广应用还满足不了农民的迫切需要，需进一步改进基层农技推广队伍管理机制，加强现有基层农技推广人员培训，加大农技"特岗计划"实施力度，引导高等学校、科研院所等科技人员参与农技推广服务，加快构建农业科技社会化服务体系，提升社会化科技服务水平。大力培训高素质农民，探索建立训后跟踪扶持机制，让农民参与科技成果转化，吸引并留住年轻人务农，壮大高素质农民队伍，让科技进村入户到田，促进农民增产增收。

三　相关建议

2021 年，湖南省农业农村部门将深入贯彻习近平总书记对湖南工作的重要指示，贯彻落实省委、省政府重大决策部署，以"科技强农"为抓手，进一步完善创新机制，激发创新动力，集中力量培植一批适应湖南自然条件、具有自主知识产权的农业新成果；突破一批节能降耗、绿色增产、提质增效的产品加工和机械化生产的关键核心技术；打造一批科技创新成果转化基地，促进先进实用新技术、新产品和新模式、新标准的示范和快速转化。

（一）积极推进种业创新和农机两个高地建设

按照湖南省政府与农业农村部共同打造"两个高地"合作框架协议，在种业方面，继续发挥湖南杂交水稻、杂交油菜、杂交辣椒等农作物杂交优势中的技术和人才优势，加强优质、高产、高抗、宜机品种的选育，加强育种方法的创新和应用基础研究，抢占种业战略高地。加强生猪、特色水果等高品质、优良品种选育，力争培育出更多的自主品种。重点推进"五区一中心一基地"建设，即建设全国杂交水稻创新引领区、生猪核心种源先导区、"三高"食用菜籽油品种研发优势区、果菜茶品种改良示范区、内陆特色水产种业试验区、国家生物种业技术创新中心、"一带一路"种业国际合作交流基地。在农机方面，重点建设"一中心两基地三示范区"，即建设长沙农机研发中心，建设汉寿县、双峰县两个农机制造基地及长沙、衡阳、湘潭、益阳、岳阳、郴州等市农机产业集群，建设双季稻全程机械化示范区、"改机适地"与"改地适机"示范区、数字农业示范区。目前，正组建工作专班，与农业农村部建立工作协同机制。同时，抓紧研究编制两个高地实施方案，细化任务目标和措施，推动合作协议落实落地。

（二）争取启动"标志性农业科技工程"实施

坚持以习近平新时代中国特色社会主义思想为指导，贯彻落实习近平总书记关于"三农"工作的重要论述和考察湖南重要讲话精神，推进落实省委"三高四新"战略，充分发挥院士引领作用，围绕湖南农业千亿产业发展中的"卡脖子"技术问题，突出重点，主攻难点，加大农业科技领军人才的培养力度，加强重大农业科技平台建设，加快农业关键技术科技攻关，推进重大农业科技成果推广示范，为农业高质量发展、乡村振兴提供科技支撑。

（三）进一步夯实推广体系，加强技术服务和推广

基层农技人员在农技推广中担负着重要职责。新中国成立以来，党和国家对农业技术推广工作高度重视，从中央到地方建立了农业技术推广队伍，每个乡镇都有一个以推广农业技术、加强农业服务为主要工作内容的农业站所。应进一步完善体制机制，调动基层农技人员的积极性，强化人员培训，提高基层农技人员的素质和服务能力，把"精准定位、精细生产、精深加工、精明经营、精密组织"的理念融入农业发展全过程，推动农业高质量发展，让精细农业成为湖南的"金字招牌"。

（四）扎实推进农民培育工作

切实贯彻落实《中国共产党农村工作条例》《关于加快推进乡村人才振兴的意见》，完善顶层设计和制度创设，在制度保障、资金投入、人员配置、体系建设上给予充分支持与保障，形成上下衔接的工作格局。推动建立教育培训制度，创新培育形式、严格对象遴选、加强师资队伍管理、严格绩效考评等，为实现全省乡村振兴打造高素质的农村人才队伍。

（五）建立健全科技人员创新和转化的激励措施

根据时任湖南省委副书记乌兰的部署，省委农办、省农业农村厅在调研基础上，起草制定了《关于激励农业科技人员服务乡村产业发展的意见（征求意见稿）》，目前正在征求省直相关部门修改意见。在下一阶段，将抓紧修改完善，争取报省委、省政府审批出台，推进全省农业科技创新和农业科技人员服务迈上新台阶。

B.7
为实施"三高四新"战略贡献
国资国企力量

湖南省人民政府国有资产监督管理委员会

摘　要：　湖南省国资委深入学习贯彻习近平总书记"七一"重要讲话精神，总结并肯定了"十三五"以来国资国企在科技创新方面的成就与贡献，将"十四五"规划与国资国企未来发展方向结合，着眼"国之大者"，聚焦全省"三高四新"战略，突出规划战略引领，强化创新驱动发展，奋力迈步"十四五"高质量发展新征程。

关键词：　国有经济　国有企业　"十四五"规划　创新驱动　湖南

湖南省国资系统坚持着眼"国之大者"，聚焦全省"三高四新"战略，突出规划战略引领，强化创新驱动发展，奋力迈向"十四五"高质量发展新征程。

一　把推动高水平科技自立自强摆在核心位置，打造国资国企高质量发展新引擎

近年来，湖南省属监管企业政策环境不断优化、创新投入持续加强、创新活力进一步激发、创新能力快速提升、创新产出质量稳步提升，为实现高质量发展提供了有力支撑。

（一）核心技术攻关多点突破

湘投金天科技集团攻克钛精深加工核心技术，打破了外国长期垄断的局面；华菱集团开发出耐腐蚀钢、4mm极限薄规格耐磨钢、1100MP级超高强度钢等系列产品，成功取代进口产品；海利集团完成"高品质水杨腈""高品质丁硫克百威"项目攻关，产品技术处于国内领先水平。此外，中创空天、楚微半导体、中联重科3个项目列入2021年湖南省政府十大技术攻关项目。

（二）科技创新成果竞相涌现

"十三五"期间，湖南省属监管企业承担国家科技重大专项64项、省级科技重大专项67项，取得有效发明专利4112项，牵头及参与制定标准731项，获得国家科技进步奖1项（华菱涟钢钢材热轧过程氧化行为控制技术开发及应用），第二十二届中国专利金奖1项（中联重科），第二十一届中国专利银奖2项（中联重科、南新制药），省级科技进步奖13项，湖南专利奖一等奖1项、二等奖2项、三等奖7项。

（三）科技创新能力显著提升

2020年，湖南省属监管企业研发费用为127亿元，同比增长52.1%，高出全国省属国有企业平均水平27.4个百分点；研发经费投入强度达2.2%，高于全国省属国有企业平均水平1.4个百分点；拥有国家级创新平台37个、省级创新平台117个；国家高新技术企业187家，有25户企业被纳入2021年首批申报名单；3户企业获批第二批国家专精特新小巨人企业。

（四）军民融合创新加速推进

聚焦航空航天航海、高端先进装备、战略性新材料、新一代信息技术、智能制造等领域，推进军品民品深度融合发展。华菱集团高性能钢、湘投集团钛合金、高新创投铝合金、稀土院镁合金等被应用于运载火箭、卫星导航、潜艇、大型船舶、发动机等零部件或生产用料的配套。此外，湘电动力、通达电磁能、金天科技、中创空天、稀土院等承担7项湖南省军民融合重大示范项目。

（五）科技创新体系不断完善

大部分湖南省属企业建立科技创新管理制度，并明确了相关责任部门。据统计，有29户企业将科技创新作为"十四五"规划的核心内容，其中17户编制了科技创新专项规划。同时，与国防科大、海军工程大学、中科院、中南大学、西安交大、湖南大学等开展深度合作，引进9个院士或优秀科技人才团队；打造创新联合体或创新联盟25家，尤其中国商飞大飞机创新谷、中国海洋材料产业技术创新联盟、风电装备与电能变换协同创新中心等产业技术联盟，正带动着一批央地协同创新项目有序推进。

二 全面推进"十四五"规划落地落实，更好服务"三高四新"战略和现代化新湖南建设

湖南省政府常务会议审议通过《湖南省国资国企"十四五"发展规划》，明确了国资国企的四大战略定位和五大发展目标。要切实抓好"十四五"规划的组织实施，确保规划落地落实。

（一）强化规划的衔接协调

力求"三规合一"，保障《湖南省国资国企"十四五"发展规划》、《省属监管企业发展战略暨"十四五"规划》与《湖南省国民经济和社会发展第十四个五年规划和二〇三五年远景目标纲要》有机衔接。

（二）强化规划的共同实现

坚持"三方发力"，企业在深化改革、管理提升、科技创新等方面自我

加压，保障规划的实现；湖南省国资委则做好资源的优化配置，并协调相关部门加大政策支持力度；引进优质战投，积极稳妥推进混改，聚焦主业、推进资产证券化，做强做优做大国有企业。

（三）强化规划的应用执行

实现"四个应用"，指导国有资本布局优化和结构调整的实施工作；推动国资国企全面深化改革；分解"十四五"有关指标，并纳入企业绩效考核；坚持与国资国企日常经济运行分析调度相结合。

（四）强化规划的考核监督

合理确定考核目标。立足行业企业生产经营实际，合理确定业绩目标，提高主业盈利水平和价值创造能力；立足功能定位，在战略安全、产业引领、国计民生、公共服务等方面更好发挥主力军、排头兵作用。持续优化考核指标。考核分配要突出质量效益导向，从注重短期回报转变为着眼长远发展，加快推进差异化分类考核，不断健全完善指标体系。抓好全员绩效考核。考核目标和"十四五"规划任务层层分解，形成"工作有目标、管理全覆盖、考核无盲区、奖惩有依据"的良性管理局面，确保经营责任有效落实。

三 集中优势资源力量，强化创新驱动发展，助力湖南省打造具有核心竞争力的科技创新高地

"科学技术是第一生产力"，不断完善科技创新制度，持续加强人才队伍构建，有序培养层次化科技创新主体，营造创新驱动发展的氛围，切实提升湖南省属监管企业的科技创新能力。

（一）切实提升科技创新能力

切实增强国资企业的创新主体意识，"对标一流企业"提升自主创新能

力,积极参与国家、省级"揭榜挂帅"项目等。湖南省国资委从国有资本预算资金中连续三年列出专门预算支持科技创新重大项目,并且持续优化科研资源配置,支持产业共性基础技术研发,组建更多的国家级、省级研发创新平台和各类创新联合体。此外,对新建国家级创新平台和科技创新成果获得国家级奖励的或科技创新取得重大成果的湖南省属监管企业,在绩效考核中予以加分,并逐步提高科技创新奖励加分门槛,提升科技创新的含金量。

(二)大力培育科技创新主体

实施创新主体增量提质计划,推动高新技术企业、科技型中小企业创新主体的打造,加快培育一批"单项冠军""专精特新"企业;推动企业联合高校、科研院所建立技术研发和转移转化机构,形成由行业龙头企业、独角兽企业、种子企业等组成的企业梯度培育体系;发展一批具有技术、资本、人才等创新要素整合能力的科技服务机构,建设综合服务平台,探索联合攻关、利益共享、知识产权运营的有效模式。

(三)加快推进数字化转型

应用两化融合管理体系标准,加快建立数字化转型闭环管理机制和数据治理体系。运用5G、云计算、数字孪生、北斗通信等新一代信息技术,推进企业建设敏捷高效可复用的新一代数字技术基础设施。其中以加快供给侧结构性改革为主线,推动企业的产业数字化和数字产业化发展、加快工业智能体创新研究院建设,打造"2+4+N"个省级示范智慧场景,重点企业建成工业智能体并达到国内一流水平;其他企业实现数据打通,达到流程级水平;在平台基础建设、数据利用、业务上云、模式创新、产品孵化等方面,实现全场景应用。

(四)切实加强人才队伍建设

建立高端科技人才孵化、培养、成长机制,形成高层次人才队伍培养库。加强人才引进,坚持特殊人才特殊激励,强化创新发展才智供给。"打铁还需自身硬",加强与科研机构、高等院校建立常态化人才双向交流、双向培养机制;建立健全与管理序列并行的技术序列晋升通道和薪酬体系,通过壮大产业、做强企业、打造平台来吸引人才,通过市场化招聘、差异化薪酬引进留住领军人才和一流工匠。

(五)完善机制,营造创新氛围

积极探索构建充分体现知识、技术等创新要素价值的收益分配机制,鼓励成本降低、效率提升和收益增加可计量的工艺革新、技术发明和其他类型创新实施有期限(一般不超过三年)的净增值分成制度;完善职务发明成果权益分享机制,实质性推进发明人按一定比例(最高不超过30%)与产权单位分享职务发明成果权益。统筹运用多种中长期激励方式,鼓励支持知识、技术、管理等生产要素有效参与分配,形成多元化的激励体系,包括按照相关规定实施股权出售、股权奖励、股票期权、项目收益分红等激励方式;企业为引进行业领军人才及优秀骨干人才而购置必需的工作、生活设施或设备(含住房)可视同企业主业投资;引进或奖励人才的薪酬、补贴、奖金等支付,不计入企业工资预算总额。此外,还将建立科研投入后评估机制,将经过审计的研发投入、数字化转型投入部分视同当年利润,在计算经济增加值指标时予以加回。同时,各类湖南省属产业投资基金要将取得重大技术突破的新项目列入优先投资对象。

B.8
金融助力科技创新高地建设

湖南省地方金融监督管理局

摘　要：　湖南省实施"三高四新"战略，离不开金融的支持。本报告从政策完善、科技信贷融资、科技企业上市、金融服务平台建设、凝聚科技基金力量等五个方面，系统地梳理了2020年以来湖南金融系统围绕深入贯彻落实习近平总书记视察湖南时的重要指示精神，推动金融助力科技创新高地建设的主要做法及成效。

关键词：　金融　科技创新　科技企业　湖南

金融是实体经济的血脉，打造具有核心竞争力的科技创新高地，离不开金融的支持和浇灌。2020年以来，湖南省金融系统深入贯彻落实习近平总书记视察湖南时的重要指示精神，积极引导金融资源助力科技创新高地建设。

一　助力创新高地建设的政策逐步完善

湖南省政府、省直部门和中央驻湘机构相继出台一系列文件，为打造具有核心竞争力的科技创新高地，加快创新链、产业链、资金链的深度融合提供了有力的政策支持。

2021年4月，湖南省政府办公厅出台了《湖南省金融服务"三高四新"战略若干政策措施》（湘政办发〔2021〕11号）。该文件将金融支持科技创新发展作为重点内容。文件强调，引导银行设立科技分（支）行，用好企业技术进步专项再贷款政策，加大对科技型企业信贷支持；开展知识产权质押融资"入园惠企"活动，建立知识产权资产评估专家库和融资项目数据库，创新知识产权质押贷款产品，扩大知识产权专项风险补偿规模和覆盖范围，力争知识产权质押融资贷款户数和金额逐年增长。文件提出，充实科创板上市后备资源，加强湖南股权交易所科创专板辅导孵化，加快科技型企业挂牌上市；创新首台（套）重大技术装备保险、重点新材料首批次应用保险和中小科技企业贷款保证保险等保险产品，强化科技保险保障功能。

2020年12月，湖南省地方金融监管局牵头，联合中国人民银行长沙中心支行等部门印发了《金融服务"三高四新"战略加快经济高质量发展的实施意见》（湘金监发〔2020〕95号），提出了加快科技金融发展、推动科技企业知识价值信用贷款试点和知识产权质押融资、加快科技企业上市等多项重点任务，着力发挥金融对"三个高地"的支撑作用，力争"十四五"期间金融服务"三高四新"战略的能力显著增强。此外，湖南省科技厅、湖南省地方金融监管局、湖南省财政厅、湖南省市场监管局、中国人民银行长沙中心支行、湖南银保监局联合印发了《湖南省科技型企业知识价值信用贷款风险补偿试点实施办法》，中国人民银行长沙中心支行、湖南省科技厅、湖南省地方金融监管局、湖南银保监局出台了《进一步强化科技金融服务的若干措施》，助推更多金融资源流向科技创新领域。

二 支持科技企业的信贷资金快速增长

截至2020年12月末，湖南各银行机构向省内科技型企业和高新企业贷款余额为1549亿元，涵盖企业7316家。其中，信用贷款比例较高，到2020年11月末，科技型企业信用贷款余额为473亿元，占全部科技型企业贷款比重为41.7%。按照湖南省科技厅名单制管理的7413家科技型企业和高新企业口径统计，到2020年11月末，湖南省科技型企业贷款余额为 1136 亿元，较年初增加 230 亿元，同比增长 25.3%，高于各项贷款增速 8.3 个百分点。

（一）专营机构对口服务

湖南鼓励银行机构积极设立科技支行，以科创企业为主要服务对象，重点支持具有科技属性的中小企业创新、创业、创造。目前，湖南已有中国工商银行股份有限公司长沙科技城支行、中国建设银行股份有限公司长沙麓谷科技支行、交通银行股份有限公司长沙麓谷科技支行等 15 家科技支行为科创企业提供特色服务。湖南银保监局调查显示，科技支行（特色支行）的信贷增速高于一般支行，如全省农信系统 5 家科技支行贷款同比增长达到 30.1%。

（二）专项产品增信助力

湖南积极引导融资担保公司为科创企业提供融资担保服务。融资担保机构围绕科技企业资产结构特点，开发了各类"科技贷"融资担保产品，助力解决科技企业融资难题。有的融资担保机构采用"担保公司 + 银行 + 风险补偿资金 + 专利权反担保"的混合模式，仅要求企业提供其合法、完整、有效且权属清晰的知识产权作为质押反担保，不需要其他抵押物；有的融资担保机构采取了以知识产权交易中心、担保公司、银行、知识产权评估机构四方分担风险的方式；还有的开发了针对上市后备企业的专利权质押产品。

（三）专场活动促进对接

2020 年，湖南举办了金融支持稳企业保就业科创专场活动，积极支持科创企业发展。科创专场活动形式多样，内容丰富，包括科技金融志愿者服务小分队入市州进园区活动、举办银企对接会，以及现场调研科技型企业等。例如，2020 年 7 月，在湘潭高新区举行的银介对接会上，金融机构和 50 余家科技企业深度对接，现场签约 8 个科技信贷项目，授信金额为 3.59

亿元。此外，在 2021 年 3 月 2 日湖南省政府召开的湖南省金融服务"三高四新"战略座谈会上，湖南省地方金融监管局会同相关单位编制了湖南金融服务"三高四新"战略产品手册、湖南省金融服务"三高四新"战略项目手册，发布了 208 个金融产品和 530 个"三高四新"重点项目，其中服务科技创新的金融产品 40 个、"卡脖子"科研攻关项目 100 个。

三　科技企业科创板上市进程加快推进

科创板是本轮资本市场改革的重头戏。湖南省积极推动符合条件的科技企业到科创板上市，发展壮大。一是科创板上市后备队伍不断充实。2020年，湖南省地方金融监管局会同湖南省科技厅按照"企业自主申报、市州审核推进、联合评估审定"程序，遴选了 69 家科创企业进入省科创板上市后备企业库。二是科创板政策知识储备不断增强。湖南省地方金融监管局多次组织各类科技企业培训活动。例如，2020 年 9 月，湖南省地方金融监管局、湖南证监局会同长沙市政府举办了"上海证券交易所资本市场服务湖南基地挂牌仪式暨科创板上市培训会"，邀请上交所及中介机构专家做了专题演讲和现场答疑，湖南省企业上市联席会议各成员单位领导、各市州金融办及国家级园区金融办负责人、湖南省内科创板拟上市企业高管共计 260 余人参加培训。三是专家团队上门问诊。2020 年，湖南省地方金融监管局带领由交易所、券商、会所、律所组成的专家团队深入 10 个市州几十家科创后备企业，现场指导企业解决科创板上市中的重点和难点问题。四是政策资金支持力度加大。2020 年，湖南省地方金融监管局联合湖南省财政厅对企业科创板上市安排补助资金共 1400 万元。

通过一系列努力，2020 年湖南新增科创板上市企业 6 家，居全国第 7位、中部第 2 位。截至 2021 年 5 月底，湖南已有 7 家企业成功登陆科创板，首发上市融资合计 65.69 亿元，2 家企业申报科创板已注册待发行，3 家企业申报科创板已过会待注册。

四　服务科技企业的金融平台增添新兵

为了充分发挥四板市场作用，做好科技企业培育工作，在湖南省地方金融监管局、湖南省科技厅、湖南省工信厅、湖南省财政厅和湖南证监局联合指导下，2020年3月湖南省区域性股权市场科技创新专板开板。湖南省地方金融监管局与湖南省科技厅、湖南省工信厅研究议定了《科技创新专板联合评估推荐工作规则》，湖南股交所制定了《科技创新专板业务管理规则》《科技创新专板挂牌审核工作指引》等工作业务制度。截至2020年末，有34家高新技术企业在科技创新专板挂牌，主要集中在生物医药、新材料、新能源、新一代信息技术、智能制造等领域，普遍具有"科技硬核、高速成长、上市预期"等特点。湖南股交所开展了科技创新专板企业走进上交所等活动，从政策、金融等多方面为挂牌企业赋能，加快企业孵化培育进程，已有22家挂牌企业与券商签订了上市辅导协议或制定了上市规划。

五　支持科技企业的基金力量加速聚集

湖南从推动私募基金设立、促进私募基金投资等方面，不断凝聚、支持服务科技企业的基金力量。一是支持基金集聚发展政策出台。2021年3月，经湖南省政府同意，湖南省政府办公厅出台了《关于支持湘江基金小镇发展的若干意见》（湘政办发〔2021〕9号）。这是全国首个省级政府出台的支持基金小镇发展的文件，提出了完善基金生态体系、鼓励基金机构落户、实施便捷商事登记、支持投资机构运营、强化人才支持服务、用好税收支持政策、引导服务实体经济、强化金融风险防控等8条干货措施。二是高比例投资补助政策出台。根据湖南省金融发展专项资金政策，2020年湖南财政部门对投资湖南的私募股权投资机构进行了补助，仅省级财政就下发补助资金2854万元。2021年初，补助政策进一步加码，《湖南省金融服务"三高四新"战略若干政策措施》（湘政办发〔2021〕11号）明确，对在湖南注册备案的私募股权投资基金投资湖南省"三高四新"初创期科技企业（成立时间在 3 年以内）达 1000 万元且投资期限满 6 个月的，省财政按不超过投资金额的 5% 比例给予补助，单个企业每年最高补助金额由 300 万元提高到 500 万元。三是企业与私募基金对接通道拓宽。为了帮助湖南拟上市企业获得更多的私募股权投资，2020 年 12 月，湖南省地方金融监管局举办了湖南省拟上市企业对接私募基金培训会，这是湖南首场针对拟上市企业的私募基金投资专项培训。会议为企业量身定制了如何对接私募股权投资基金、私募股权投资法律实务等专题演讲，300 余家企业 500 余人参会，各方反映很好。主办方表示，下一步将把这样的活动进一步深化常态化。

通过上述举措，湖南私募基金的发展环境更好了，对湖南企业的支持力度更大了。截至 2020 年末，湖南省在中国基金业协会登记的私募基金管理人有 263 家，管理规模达 785 亿元；私募股权基金在湖南的在投项目超过千亿元。

尽管湖南金融服务科技创新取得了一些进展，但也清楚地认识到，当前湖南科技金融的水平还不高，科技企业融资难融资贵的问题仍然存在，科技金融服务体系还不够健全、产品还不够丰富、服务还不够便利的情况仍然存在，需要在以后的发展中逐步解决。

B.9

汇聚智慧和力量，
服务湖南科技创新发展

湖南省科学技术协会

摘　要：　湖南省科协总结了始终坚持为科技工作者服务、推动全民科
　　　　　学素质提升的职责定位，并聚焦"三高四新"战略，规划了
　　　　　下一阶段要实施的"三大行动"计划，并将坚持以习近平新
　　　　　时代中国特色社会主义思想为指导，认真贯彻落实习近平总
　　　　　书记对湖南工作、科技创新、科普工作以及群团工作的重要
　　　　　指示精神，坚持守正创新、深化改革，积极发挥群团组织和
　　　　　人才优势，团结引领广大科技工作者为服务"三高四新"战
　　　　　略实施、建设现代化新湖南贡献智慧和力量。

关键词：　科技人才　创新平台　科学普及　湖南

一　突出科技工作者主体，凝心聚力服务科技创新

湖南省科协始终坚持为科技工作者服务的职责定位，积极发挥"科技
工作者之家"作用，服务科技工作者成长成才，不断加强对科技工作者的
思想政治引领，为科技工作者奋进科技创新主战场提供坚强后盾。

（一）抓好科技人才培养举荐

从 2017 年起重点组织实施科技人才托举工程，着力为科技工作者铺设

成才阶梯，累计支持培养院士后备人才、中青年学者和年轻优秀科技工作者 100 人，不断优化人才梯次结构。托举对象共获得国家级科技奖励 8 项，发表高质量论文 536 篇，出版专著 23 本，获得国家级人才称号 15 人次（其中 3 人当选 2019 年中国工程院院士①）。积极做好院士候选人推荐工作，"十三五"期间，全省入选两院院士 11 人，在 2021 年中国工程院院士增选中，湖南共有 17 名有效候选人。推荐湖南省科技工作者获得全国最美科技工作者、全国创新争先奖、中国青年科技奖等 55 人次。

（二）积极搭建科技创新平台

坚持发展引领，着力打造聚才、引才、用才平台，为三湘沃土注入人才"活水"。创建院士专家与企业对接合作的载体。建立 59 家院士专家工作站，累计引进院士专家 470 人，推动企业获授权专利 2105 件，攻克技术难关 522 项，转化成果 672 项，制定标准 258 项。汇聚优质科技资源，推进"科创中国"湖南分中心建设，近万家企业、学会、园区及 1200 余位专家上线；引进全国学会建立学会服务站 13 个，建立省级学会服务站 33 家。加快海外人才引进，推动中国科协（长沙）离岸创新创业基地落地；建立省级以上海智基地 47 个，引进海外人才 269 名。聚焦服务地方创新发展，推动长、株、潭、岳 4 市获批中国科协创新驱动助力工程示范市，瞄准"四个一批"组织开展"院士专家行"16 次，邀请院士专家为地方、企业"把脉问诊"。

（三）加强学术交流与科技合作

2020 年，湖南省科协及所属学会举办学术交流活动 600 余场次。在张家界举办 2020 年湖南科技论坛暨院士专家张家界行、在衡阳举办 2020 年大数据科技传播与应用高峰论坛、在郴州举办 2020 年全国"双创"活动周湖南分会场活动、在长沙联合举办 2020 国际稻作发展论坛、2020 长沙网络安全·智能制造大会、2020 互联网岳麓峰会、2020 世界计算机大会、第 28 届

---

① 中国工程院 2019 年院士增选结果。

海峡两岸都市交通学术研讨会等活动。完成"以工业互联网发展助推湖南智能制造升级"等 5 个决策咨询课题。

（四）大力弘扬科学家精神

在全省科协系统开展"爱国·创新·奉献——湖南科技工作者的初心与使命""五美"评选宣传等系列学用活动，大力宣传以余元君等同志为代表的湖南新时代优秀知识分子的感人事迹、弘扬爱国情怀。开展科学家精神宣讲报告，不断加强学风道德建设，营造崇尚科学的社会氛围，积极培育和践行社会主义核心价值观。

二　坚持科普惠民，全力提升公民科学素质

积极发挥全民科学素质纲要实施工作办公室（简称纲要办）牵头抓总作用，利用群团组织优势，推动全民科学素质提升。"十四五"末，湖南省公民具备科学素质的比例达到 10.1%①，居全国第 14 位，圆满完成"十三五"目标，厚植了全社会创新发展的沃土。

（一）构建大众化科普传播体系推动全域科普

充分发挥纲要办综合协调作用，持续推动科学素质纲要实施。在省委、省政府领导的关心支持下，2021 年，湖南省委宣传部印发了全省科普宣传工作方案，发动各级宣传部门和媒体开展科普宣传，营造大众参与的科普氛围。着力将科普信息化的"天线"与基层科协组织建设的"地板"紧密结合，持续推动科协基层组织与社会化管理网格融合、科普信息化与基层党群服务网络平台融合，通过"两融合"，全省村（社区）科协（科普）组织发展到 2.3 万个，全省注册科普信息员数量已达 136 万人（暂列全国第一）。主动融入新时代文明实践中心建设，建设省、市、县三级科技志愿者

---

① 第十一次中国公民科学素质抽样调查结果。

队伍，打造科技志愿服务品牌 99 个，逐步形成科技志愿服务长效机制，科技志愿者注册人数超 17 万人（暂列全国第一）。

（二）打造精准、高效、权威的科普平台，推动科普供给侧改革

2019 年 11 月，湖南省科技传播信息化平台①正式投入运行，打造集报、刊、网、微、端、屏于一体的"科普湖南"融媒体平台。"科普湖南"用户突破 250 万，生产原创科普作品 5000 余件，发稿 1.9 万余条，阅读量超 5 亿，湖南多次居全国地方科协科学传播榜榜首。在 2020 年疫情防控中，湖南省科协广泛发动、科学发声、精准发力，实施应急科普专项，积极组织动员科技工作者投身抗疫一线，开展科普宣传及稳生产科技服务，组织编写的防疫科普标语和科普书籍在全国广泛推介，校园疫情防控知识线上答题 1500 万人次参与，"科普湖南"融媒体平台发布 5500 余篇，阅读量达 1.2 亿，"抗疫情·稳生产"专家服务团线上线下服务 1.2 万次，湖南省科技传播信息化平台发挥了巨大作用。

（三）实施科技助力工程推动科技项目、科技资源惠民生

2016 年，湖南在全国率先实施科技助力精准扶贫工程，积极引导科技工作者到边远贫困地区开展科技服务，形成"省派驻村工作队 + 科技专家小组 + 贫困群众"的科技人才对口帮扶协同模式。先后组织 4000 多名科技工作者到贫困村一线，开展实用技术培训和致富带头人培训，激发贫困群众脱贫的内生动力，助力 2.6 万贫困人口脱贫。2020 年，湖南省科协落实省委"1 + 5"文件精神，做好科技助力精准扶贫与助力乡村振兴有效衔接，在 14 个县市区启动科技助力乡村振兴县域试点，重点组织实施乡村人居环境技术标准化应用试点（推广）、学会服务乡村振兴试点（推广）引导和科

---

① 湖南省科技传播信息化平台是湖南省科协建设的多媒体科普平台，由二级单位湖南科技报刊公司运营，平台主要是运营"科普湖南"的网站、微信、微博等，还有自己制作的科普内容。

技助力乡村振兴县域试点（推广）三类项目，推广应用现代农业、生态环境、医卫健康三类技术，将人才资源"对接"基层需求，将技术资源"连接"基层发展，将科普资源"嫁接"基层应用，打通科普惠民"最后一公里"，争取到"十四五"末实现全覆盖。

三 聚焦服务"三高四新"战略，实施"三大行动"

在下一个工作阶段，湖南省科协将紧紧围绕"三高四新"战略，大力实施"三大行动"，团结引领广大科技工作者，凝心聚力服务打造具有核心竞争力的科技创新高地。

（一）实施"科创中国"湖南行动

聚焦工业新兴优势产业链和新业态，继续实施创新驱动助力工程。

一是开展科技创新联盟试点。建立工业新兴优势产业链和新业态骨干企业数据库名录。以工程机械、先进轨道交通装备、生物医药等产业为载体，以相关学会为纽带，推动企业、高校、院所等共建科技创新联盟。推进专利信息推广应用与知识产权维权，加强企业创新方法培训与推广。

二是加快"科创中国"湖南分中心建设。新增入驻企业（园区）、学会、专家10000家（个、名）以上，总数达到2万以上。重点支持长株潭岳中国科协创新驱动助力工程示范市建设。

三是促进学术与产业融合。强化服务产业发展导向，把学术活动嵌入产业链。全年举办规模较大的学术交流活动500场次以上，70%以上与产业发展需求结合。联合市州培植2个有品牌示范效应的科技交流合作平台。

四是加强"三站"建设。新建院士、专家工作站30家以上，学会（全国、省属）服务站30家以上。

五是组织开展院士专家行。办好2021年中国科协"科创中国"院士专家湖南行活动。瞄准"四个一批"，组织开展院士专家市州行5次。

（二）实施"科普中国"湖南行动

把握科普工作时效，把科学普及融入党委、政府中心工作，认真履行科学普及这一主责，紧扣纲要实施这一主线，围绕提升全民科学素质这一主题，服务人民群众这一主体，推进全域科普。

1. 着力健全社会化大科普格局，提升科普组织力

加强国家纲要学习宣传。制定湖南省纲要实施方案。健全科普工作机制，充分发挥省纲要办综合协调作用，争取把科学素质工作纳入绩效考核。充分调动学会、高校、企业和乡镇（街道）、村（社区）科协组织开展科普工作，引导各方社会力量参与科学普及。

2. 着力建设大众化科普传播体系，提升科学传播力

聚焦增强"四力"，推进科普信息化和科普组织建设。完善集报、刊、网、微、端、屏于一体的"科普湖南"融媒体矩阵，深化与科普中国、红网、新湖南、学习强国湖南平台，头条、抖音等网络平台和基层党群服务平台、邮政电商网点、各纲要办成员单位网站、干部教育网络学院、省内外科普平台等的合作，推动"科普中国""科普湖南"嵌入有关部门、地方党群服务网络平台，实现横联纵通、内融外扩。争取"科普湖南"全年发稿量1万篇以上，阅读量2亿次以上。加强现代科技馆体系建设，重点抓好湖南省科普主题公园开工建设，加大农村中学科技馆、流动科技馆、科普大篷车等对边远山区的支持力度。加强科普队伍建设，建立科普信息员激励机制，实现扩量、盖面、提质，2021年科普信息员达到150万名，建立全省科普信息员传播量排行榜，开展传播竞赛，提升科普信息员活跃度，实现人均传播量60条、传播总量1亿以上。抓好科技志愿者队伍建设和志愿服务，主动融入新时代文明实践中心建设，助力打造"雷锋家乡学雷锋"科技志愿服务品牌。加强与宣传部门合作，争取将科普宣传纳入湖南省主流媒体和公共宣传载体公益宣传范畴。

3. 着力深化科普供给侧结构性改革，提升科普精准度

更加注重需求侧管理，利用大数据开展公众科普需求调查。针对重点群

体需求，加强科普产品研发与创新，推出一批满足人民群众对美好生活需求的高质量、有特色、易接受的科普产品，增加科普有效供给。引导科普与产业融合发展，推动科技资源科普化。针对不同人群、不同地区、不同季节，制订年度分类专项科普宣传计划，精准推送。重点开展公共安全、防灾减灾、卫生健康等突发事件应急科普宣传教育，做好青少年心理健康科普。

4. 着力创新科普工作载体，提升科普实效性

开展新一轮全国科普示范县创建工作。落实省委"1+5"文件精神，继续抓好科技助力乡村振兴县域试点工作，引导 49 个农、医、环学会组织科技工作者服务乡村振兴一线，建设好 14 个学会服务站、14 支科技志愿者队伍、14 个科普小镇、28 个农业产业科普示范基地和 14 个科普教育（体验）基地、28 个农技协，培植科技服务乡村振兴可复制可推广的典型。加强青少年科技教育，继续办好青少年科技创新大赛、青少年机器人大赛等重点赛事，组织好中学生学科竞赛湖南赛区联赛，组织实施好"英才计划"。组织好全国科普日主场活动、科学素质网络大赛，积极参与"三下乡"、科技活动周、防灾减灾等科普品牌活动。

（三）实施"智汇中国"湖南行动

一是瞄准高端人才培养，继续实施科技人才托举工程。继续支持 70 名人才托举对象。做好两院院士推选工作。加强向国家举荐优秀科技人才。做好"湖南省优秀科技工作者""湖南青年科技奖"评选表彰。

二是推动"会地合作"。选择 5 个市州，开展全国学会与湖南省合作试点，引导全国高端科技资源向湖南省集聚。

三是促进区域科技交流合作。聚焦"一带一路"和国家区域发展战略，开展 10 场左右区域科技交流活动，促进区域间科技资源互通融合。

四是加强决策咨询。发挥省科协常委会专委会作用，围绕地方经济社会发展的重大问题，开展 5 次现场调研咨询。继续联合省有关部门开展决策咨询课题研究，2021 年完成 5 个重点咨询课题研究。

五是加强引才引智。继续实施"海智计划"，2021 年新建海智基地、实

施引才引智项目 11 个，重点支持中国科协（长沙）海外人才离岸创新创业基地建设，推进本土人才培养和海外人才引进工作深度融合。

参考文献

湖南省科学技术协会：《关于印发〈"科创中国"湖南行动实施方案（2021－2025年）〉〈"科创中国"湖南行动 2021 年工作要点〉的通知》（湘科协通〔2021〕14 号）。

湖南省科学技术协会：《关于印发〈"科普中国"湖南行动实施方案（2021－2025年）〉〈"科普中国"湖南行动 2021 年工作要点〉的通知》（湘科协通〔2021〕10 号）。

湖南省科学技术协会：《关于印发〈"智汇中国"湖南行动实施方案（2021－2025年）〉〈"智汇中国"湖南行动 2021 年工作要点〉的通知》（湘科协通〔2021〕15 号）。

B.10
林业科技创新助力湖南生态强省建设

王明旭　姜 芸*

摘　要：　本报告介绍了"十三五"期间湖南林业在科技攻关、平台建设、标准化工作、科技推广、科学普及、人才队伍建设等方面取得的工作成效，回顾了2020年林业科技创新工作情况，并对"十四五"期间湖南林业科技工作发展目标和重点任务进行了阐述，提出将以"三高四新"战略为指引，以生态保护、生态提质、生态惠民为重点，强化关键技术原创研究、重大技术成果推广、标准质量提升，加快创新能力建设，加强人才培养，打造科技创新团队，建设科技创新平台，开展科学普及教育，为生态强省建设和林草事业高质量发展提供有力支撑。

关键词：　林业科技　生态强省　湖南

"十三五"期间，围绕林草改革发展大局，湖南省林草科技工作以需求为导向，成效显著，在生态保护、生态修复、生态惠民和生态文明教育等方面取得一系列成果。"十四五"期间，湖南林业科技工作将以"三高四新"战略为指引，坚持创新驱动、"四个面向"和"绿色发展理

---

* 王明旭，博士，湖南省林业局总工程师，二级研究员，主要从事森林保护方面工作；姜芸，湖南省林业局科学技术与国际合作处处长，研究员，主要从事有害生物综合防治及科研管理工作。

念"，以目标为导向和以问题为导向相结合，以生态保护、生态提质、生态惠民为重点，强化关键技术原创研究、重大技术成果推广、标准质量提升，加快创新能力建设，加强人才培养，打造科技创新团队，建设科技创新平台，开展科学普及教育，为生态强省建设和林草事业高质量发展提供有力支撑。

一 "十三五"时期湖南林业科技工作成效

（一）科技攻关硕果累累

实施各级各类科研项目 500 多项，获省级以上科技成果 150 多项、科技奖励 114 项，其中"南方木本油料资源加工利用提质增效技术与示范"获省科技进步一等奖、"油茶源库特性与种质创制及高效栽培研究和示范"获梁希林业科技进步一等奖。在自然保护地空间分布特征及保护成效评估、洞庭湖流域和长江岸线生态涵养带构建及其退化湿地修复、油茶全产业链提质增效等方面攻克了一系列关键技术。

（二）平台建设取得重大突破

建设省部级以上科技平台 80 个，推广平台数量居国内各省之首。获批建设"中国油茶科创谷"、木本油料资源利用国家重点实验室及国家林草局科技创新联盟 9 个、长期科研基地 6 个；筹建岳麓山种业创新中心油茶分中心；省林业局与中南林业科技大学签订战略合作协议，依托该校成立了国家公园研究院。

（三）标准化工作稳步推进

发布了湖南林业标准体系和首个团体标准《湖南茶油》，制修订标准 76 项，复审标准 306 项次，林业地方标准在林业电子政务网全文免费公开；实施国家级林业标准化示范区项目 13 个，建成油茶、毛竹、杉木、板栗、油桐、矿区废弃地生态修复等示范基地 38 个；建设国家林业标准化示范企业 18 家。

（四）科技推广成效显著

469 项成果被录入国家林草科技推广成果库，数量居全国第一；争取中央和省级财政科技推广资金 1.24 亿元，实施推广项目 266 个，转化成果 82 项，推广应用新品种新技术 438 项，示范面积 2400 公顷，辐射推广 3 万公顷；选派科技特派员 3260 名，选聘乡土专家 152 名，举办技术培训班 7240 期、培训 50 余万人次；投入 370 万元提高了 37 个基层推广站的推广能力；整合资金 8320 万元开展深度贫困县一对一技术帮扶全覆盖行动，115 名技术干部和专家走访了 339 个深度贫困村 20082 户 80453 人。

（五）科普工作成效凸显

每年开展科技活动周、送科技下乡等科普活动，编印了《林业实用技术 100 项》；组织 20 余所中小学校学生参加"走进实验室""微观昆虫世界"等活动，发放宣传资料 30 万份，发送短信 4.5 万条，印制海报 2 万份，张贴宣传标语 1200 条；"世界名花生态文化节""青年专家科普讲堂""城市森林自然科普集市"已成为林草科普品牌；《中小学生态文明知识读本》被评为第十四届省优秀科学普及读物，省植物园等 5 个自然教育学校（基地）获中国林学会授牌，省野生动物救护繁殖中心等 22 家单位被授予全国林业科普基地称号。

（六）人才队伍质量持续提高

1 人受聘第一届省科技创新战略咨询委委员，1 人享受省政府特殊津贴，25 人次分别入选全国林草科技创新领军人才、全国林草乡土专家、省 121 创新人才培养工程、湖湘青年英才支持计划，35 位青年人才获资助开展自主研发，南方木本油料资源利用创新团队和油茶全产业链科技创新团队入选全国林草科技创新团队。

二 2020年湖南林业科技创新工作回顾

2020 年，湖南省林业局强力推进了中国油茶科创谷和木本油料资源利用国家重点实验室等平台建设，提出了 20 类 100 项亟待解决的技术难题，开展了 79 项研究、53 项标准研制，取得成果 10 项，完成 9 项标准制定，获科技奖励 17 项。

（一）启动木本油料资源利用国家重点实验室建设

2020 年 2 月，科技部与湖南省人民政府联合发文批准依托省林科院建设省部共建木本油料资源利用国家重点实验室。2020 年 6 月，"省部共建木本油料资源利用国家重点实验室"揭牌启动建设，制定了建设方案，成立了学术委员会，召开了第一次会议，明确了目标任务；筹措资金 1600 万元，新建面积 6800 ㎡ 的工程实验楼，计划 2021 年底投入使用；柔性引进了 2 名"杰青"，招收了 5 名博士后，组建 3 个科技攻关创新团队；先后与食品科学国家重点实验室等 4 家国家级创新平台建立了伙伴实验室，与湖南农业大学、湖南山润油茶等 10 家省内高校、名企业签订了科技合作和产业化协议；湖南省林业局出台了《关于加强省部共建木本油料资源利用国家重点实验室建设的若干意见》，支持实验室建设。

（二）全力推进中国油茶科创谷建设

2019 年 10 月，时任湖南省省长许达哲与国家林业和草原局局长张建龙签订了局省共建"中国油茶科创谷"的协议，并将其纳入 2020 年省政府督查督办的重点工作，杜家毫书记（时任）、许达哲省长（时任）等先后调研指导中国油茶科创谷建设。成立了以湖南省副省长陈文浩和国家林业和草原局副局长彭有冬为组长的高规格中国油茶科创谷建设领导小组和院士任主任、副主任的专家委员会，召开了建设领导小组成员第一次会议和专家委员会第一次会议，明确了建设目标和任务，通过了建设领导小组工作规则。编制完成了《中国油茶科创谷规划（2020－2025年)》，明确了"中国油茶科创谷"的建设方式，先后与10余家企业开展了"中国油茶科创谷"建设合作洽谈。

（三）全面启动华南虎野化放归工作

贯彻落实习近平总书记考察湖南作出的重要指示及10月湖南省副省长陈文浩在壶瓶山实地考察作出的关于开展华南虎野化放归指示精神，召开了华南虎野化放归论证座谈会，成立了以局长牵头的工作小组和专家咨询委员会，明确了工作任务、放归地点、完成时间，组建了6个科研团队开展重大技术难题攻关，全面启动华南虎野化放归工作。

（四）加强科技难题攻关，提高有效供给

一是掌握需求。开展林业科技调研，进一步摸清生态保护修复和惠民中的科技需求，提出了目前亟待解决的20类100项的技术难题。二是争取支持。全年组织申报国家和省部各类科研计划100余项，标准研制和示范82项，获部省科研立项32项，本局下达47项。获批省地方标准制修订和示范项目53项。三是加强供给。2020年获得10项应用技术成果，有17项林业成果获各类奖励，其中湖南省林科院"木本油料全资源多层次提质增效关键技术及产业化"获梁希科技进步奖二等奖。完成了《油茶小作坊生产技术规范》等9项地方标准的制修订工作，形成了一批务实管用的新成果和技术标准。

（五）加强科技人才培育，激发创新活力

继续开展省林业杰出青年培养工作，资助10位青年人才开展自主创新研究。推荐省科技人才托举工程、湖湘青年英才、国务院特殊津贴专家、林草科技人才等人选18人次。油茶全产业链提质增效创新团队入选国家林草科技创新团队；刘汝宽、高晶分获省科技创新领军人才、优秀博士后创新人才项目立项支持；省林业科学院引进6名博士后，同步吸收中国药科大学基

础医学与临床药学学院于烨团队加入实验室创新体系。全省建设了生态保护修复和惠民科技创新专家团队 8 个，起草了团队考核管理办法。

（六）加强科技服务体系建设，强化服务功能

一是抓好科技周系列活动，在省森林植物园举行了湖南林业科技活动周启动仪式；科技周期间向社会开放 20 个林业自然科普教育基地、举办城市森林自然科普集市等多项活动。二是完成了 2020 年 9 月全国科技活动周重大示范活动——科技列车怀化行，25 名林草专家、领导组成的林草科技服务分队分成 7 个小组分赴 9 个县市区，走访了 29 个乡镇、林场和林科所，开展林业科技服务，得到社会各界的认可和好评。三是开展了"送科技下乡"等林业科技服务活动，充分发挥林业科技在推进精准扶贫和现代林业建设中的重要作用。

三　"十四五"发展目标和重点任务

（一）发展目标

到 2025 年，培养一批林草领域科技领军人才和科技创新团队，培育全国乡村振兴优质院校，取得一批标志性科技成果，建成一批国际领先科技创新平台，创新科技和教育机制，科技进步贡献率达到 60%，科技成果转化率达到 70%。

1. 科技支撑平台不断完善

各类平台建设布局更加合理，管理体系更加完善，运行机制更加优化，支撑保障能力显著增强。木本油料资源利用国家重点实验室和中国油茶科创谷建设如期达标，新建部省级各类科技平台 5~7 个。

2. 自主创新能力不断提升

不断提升自然保护地体系建设、生物多样性保护、生态修复、森林培育、资源高效利用、产业发展等科技支撑能力，获省级各类科技成果 50 项

以上，省级科技奖励 20 项以上，科技创新专家团队 10 个。

3. 成果转化应用不断增强

形成功能完善、运行高效的科技成果转移转化体系，转化先进技术 500 项以上，建设示范基地 10000 公顷以上，选派科技特派员 1500 人次以上。

4. 标准体系质量不断攀高

研制产业链技术标准体系，制修订标准 50 项，建设标准化示范区 10 个以上。实施森林认证试点项目 3～5 个。完善林草产品质量安全监管和追溯体系，明显提升产品质量。

5. 人才队伍结构不断优化

推进院校院所合作，培养一批林草领域科技创新领军人才和基层生产一线的乡土专家，培养一批林（草）业青年企业家（主）和林（草）业技术经纪人，培训一大批新型经营主体林（草）业从业人员。

（二）重点任务

1. 加强科技攻关

一是加强应用基础研究，重点开展雪峰山脉等重点生态系统生态服务功能、洞庭湖湿地退化过程和修复机制、木本油料油脂高品质性状形成的遗传机制、珍稀濒危野生动植物致涉致危机制等研究。二是攻关"卡脖子"技术问题，重点开展生态廊道构建、草场生态修复、华南虎野化放归、珍稀濒危野生植物保育、林业碳汇、重大森林灾害生物防控、困难立地造林等技术研发。三是聚焦产业需求，开展林果花草种业、油茶等林业资源高效培育与利用、林业机械化装备、林肥林药减施增效等技术创新。四是着力争资引项，抓投入保障。积极争取各级各部门多层次多渠道对林业科技创新的支持，做好国家、省级重大项目申报和实施工作，力争形成一批重大科技成果。

2. 推进平台建设

一是全力推进木本油料资源利用国家重点实验室、中国油茶科创谷建设，协同推进岳麓山种业创新中心油茶分中心建设，着力打造全国一流的林业科技创新高地。二是夯实国家生态定位站和长期科研基地建设,争取长株潭城市生态站二期建设项目,为生态建设提供基础服务。三是充分发挥国家创新联盟和长期研究试验基地的作用,推进成果熟化和转化。

3. 促进成果转化

一是持续拓宽成果转化广度、深度。结合林业生态建设、产业发展和乡村振兴实际需要,面向市场,推广应用先进、成熟、适用的科技成果及新品种新技术,发挥示范辐射带动作用。二是持续推进科技特派员帮扶行动。加强科研单位和地方的技术对接,创新特派员服务领域,引导科技特派员开展技术服务和培训。三是强化推广平台建设。发挥科技平台在产业和科研之间的桥梁作用,实现科技成果工程化、产业化、效益化,促进产业持续发展。

4. 强化标准化工作

一是持续完善林业标准体系。以需求为导向,加快标准制修订,建立健全具有湖南特色的林业地方标准体系。重点加快生态保护修复、森林质量精准提升、主要林产品质量管理、花卉种苗等已有成果的标准化转化应用。二是加强标准宣传培训。及时收集和发布林业标准化信息,免费公开林业地方标准文本,汇编相关资料,开展标准化技术培训。三是加强标准化示范。加强油茶、山核桃、林下经济等标准化示范基地建设,推动森林认证工作,提高标准意识和标准化生产普及率。

5. 加快人才培养

一是持续实施院士培养计划、杰出青年培养计划,着力培养一批领军人才和青年人才。二是建设重大领域科技创新专家团队,建立健全考核激励机制。三是继续推行省带市县科研单位合作机制,加强省市县交流合作,提升基层科技创能力。四是持续落实《关于加快林业科技创新 促进生态强省建设的意见》,努力营造尊重科技、尊重人才的创新氛围,激发创新创造活力。

6. 开展科普宣传

一是建好科普基地。充分发挥省内科研机构、高等院校、野外台站、试验基地、科普场馆及自然保护地等林草科普基地普及林草科学知识的平台作用，依托省林学会加强自然教育学校（基地）建设，举办3~4次高水平学术报告会。二是办好科普宣传活动。加强与宣传部门、媒体机构的沟通合作，结合科技活动周、送科技下乡等积极开展线上线下具有林草特色的科普和自然教育活动，广泛宣传林草科技创新成就。三是编好科普作品。组织开展科普图书、科普文章、微视频、纪录片、公益广告、自然教育课程等的编撰、制作和开发工作，丰富适合不同受众的生态知识教材与林草科普读物。

7. 开展国际合作交流

追踪把握国际科技合作交流趋势，不断探索湖南省林业科技国际合作及林业人才、技术、品牌"走出去"的领域和渠道，在开放合作中提升自身科技创新能力和国际影响力。加强境外非政府组织监管及合作，执行好现有国际履约项目，力争在引进国际先进理念和技术、提升林业对外形象、建设国际合作队伍等方面有突破，提高林业对外合作水平和国际交往能力。

评 价 篇

Evaluation Section

B.11
湖南省区域科技创新能力评价报告2021

符洋 魏巍 张小菁 蒋威 杨镭*

摘　要：　开展区域科技创新能力评价，不仅为湖南省全面落实"三高四新"战略定位和使命任务、推动高质量发展提供重要决策参考，也为助推区域协同发展提供有力支撑。本报告基于2019年湖南省科技创新统计数据，从科技创新投入、科技创新产出、科技创新绩效、创新平台与环境、企业科技创新五个维度构建了综合评价指标体系，采用多指标综合评价法对14个市（州）区域科技创新能力进行了评价。评价结果显示，各市（州）排名总体保持稳定，其中，长沙、株洲、湘潭三市保持第1~3位；常德、永州、怀化三市排名略有上

* 符洋，湖南省科学技术信息研究所助理研究员，主要研究方向为科技统计；魏巍，湖南省科学技术信息研究所副研究员，主要研究方向为区域创新与科技统计；张小菁，湖南省科学技术信息研究所党委书记、所长，研究员，主要研究方向为宏观科技发展；蒋威，湖南省科学技术信息研究所副所长，副研究员，主要研究方向为科技创新发展；杨镭，湖南省科学技术厅战略规划处二级主任科员，主要研究方向为科技创新。

升；岳阳、益阳、郴州排名略有下降；衡阳、邵阳、张家界、娄底、湘西州排名与上年一致。两年得分情况显示，有11个市（州）科技创新能力实现稳步提升。

关键词： 湖南　科技创新　综合评价

一　湖南省科技创新发展概况

湖南省坚决贯彻落实以习近平同志为核心的党中央决策部署，筑牢科技自立自强战略支撑，科技创新投入大幅增长，科技创新产出再创新高，科技创新绩效稳步提升，科技创新环境不断优化，企业创新主体地位持续强化，科技创新为全省经济发展提供了更强劲的支撑作用，为"十四五"全面落实"三高四新"战略定位和使命任务、着力打造具有核心竞争力的科技创新高地奠定了坚实基础。

（一）全省科技创新发展情况

1. 多元化科研投入持续增长

全社会研发投入再创新高。2019 年，全省全社会研发（R&D）经费支出为 787.16 亿元，排名保持全国第 10 位，较上年增加 128.89 亿元，增长 19.58%；2015～2019 年，全省全社会研发（R&D）经费支出年均增速①为 16.43%，居全国第 6 位、中部地区第 2 位。全省全社会研发（R&D）经费支出占地区生产总值（GDP）的比重为 1.98%，排名保持全国第 13 位，较上年提升 0.17 个百分点；2015～2019 年年均提升 0.12 个百分点，年均提升幅度居全国第 1 位。全省全社会研发（R&D）人员全时当量为 15.73 万人年，较上年增长 7.09%。每万人平均研发（R&D）人员全时当量 22.73 人

---

① 本报告"年均增速"指 2015～2019 年五年平均发展速度，以 2014 年为基期，2019 年为报告期。

年，较上年增长 1.43 人年。

原始创新投入逐步提升。2019 年，全省基础研究经费支出为 31.51 亿元，较上年增加 8.73 亿元，增长 38.32%；2015～2019 年，基础研究经费年均增速为 22.26%，居全国第 6 位、中部地区第 2 位。基础研究经费支出占全社会研发（R&D）经费支出比重为 4.0%，较上年提升 0.5 个百分点。

财政科技投入快速增长。2019 年，全省地方财政科技支出 171.92 亿元，较上年增加 41.98 亿元，增长 32.31%，增速位居全国第 4 位，高于全国平均增速 17.94 个百分点；2015～2019 年，全省地方财政科技支出年均增速为 23.69%，居全国第 4 位、中部地区第 3 位。地方财政科技支出占地方财政支出比重为 2.14%，较上年提高 0.4 个百分点。

2. 创新产出能力不断增强

专利产出规模稳步提升。2019 年，全省有效发明专利拥有数为 46736 件，比上年增加 6052 件，增长 14.88%；2015～2019 年年均增速为 22.48%，超过全国年均增速；万人有效发明专利拥有数为 6.77 件，比上年提高 0.84 件，增长 14.17%。

技术合同成交额增长显著。2019 年，全省技术合同成交额为 490.69 亿元，比上年提高 209.02 亿元，增长 74.21%，增速居全国第 3 位、中部地区第 1 位；2015～2019 年年均增速为 38.03%，超过全国年均增速 16.87 个百分点。技术合同成交额占地区生产总值的比重为 1.23%，比上年提高 0.46 个百分点，提升明显。

科技成果获奖数再创新高。2019 年，全省获得国家级科技奖励 31 项（其中国家科技进步奖 23 项、国家技术发明奖 5 项、国家自然科学奖 3 项），较上年增加 4 项；获省级科技奖励 280 项（其中省科技进步奖 180 项、省技术发明奖 26 项、省自然科学奖 74 项），较上年增加 62 项。

科技论文发表数小幅增长。2019 年，全省科技论文发表数量为 72806 篇，比上年增加 3436 篇，增长 4.95%，连续 5 年保持正增长。

3. 创新绩效进一步提升

高新技术产业发展良好。2019 年，全省三次产业结构为 9.2∶37.6∶53.2，第一、二、三产业对经济增长的贡献率分别为3.6%、44.4%和52.0%。①全省高新技术产业增加值为9472.89亿元，同比增速为14.30%。高新技术产业增加值占GDP的比重为23.83%，较上年提高0.58个百分点。

高新技术产品竞争优势更加凸显。2019年，全省高新技术产品出口额417.0亿元，比上年增加173.2亿元，增长71.05%。高新技术产品出口额占货物出口总额的比重为13.55%，较上年提高1.51个百分点。

4. 创新环境持续优化

创新载体不断发展壮大。截至2019年底，全省拥有省级及以上高新区44个，比上年新增6个；经开区50个；农业科技园37个；可持续发展实验区40个；重点实验室324个，比上年新增58个；工程技术研究中心443个，比上年新增87个；临床医学研究中心与医疗技术示范基地95个；孵化器79个，比上年新增7个；众创空间186个，比上年新增34个；星创天地274个，比上年新增50个。

校企研发合作稳步推进。2019年，全省高等学校研发（R&D）经费中企业资金为16.20亿元，较上年增加6.62亿元，增长69.10%，2015～2019年年均增速为20.27%。高等学校研发（R&D）经费中企业资金占比为24.21%，较上年提升了2.62个百分点，连续五年占比均超过20%。

5. 企业创新量质齐升

高新技术企业规模不断壮大。2019年，全省高新技术企业数量为6287家，较上年增加1627家，同比增长34.91%。每万家企业法人中高新技术企业数为126.82家。

规上企业研发活跃度明显提升。2019年，全省规模以上工业企业有研发（R&D）活动的单位数为7122家，较上年增加1143家，增长19.12%，2015～2019年年均增速为26.45%，居全国第3位。规模以上工业企业有研发（R&D）活动的单位占全部规上工业企业总数的比重为42.99%，较上年提升4.84个百分点，2015～2019年年均提升5.39个百分点，居全国第2

---

① 《2019年湖南省国民经济和社会发展统计公报》。

位。研发投入继续扩大，规模以上工业企业研发（R&D）经费占营业收入的比重为1.56%，较上年提升0.10个百分点。规模以上工业企业研发（R&D）经费增速为14.79%，较上年增加2.89个百分点。

企业科技活动产出稳步增长。2019年，湖南省规模以上工业企业新产品销售收入为8105.36亿元，较上年增加489.11亿元，增长6.42%，占营业收入的比重为21.38%。

普惠性创新政策落实成效显著。2019年，全省享受企业研发加计扣除的企业数量为9737家，研发加计扣除减免税额达77.00亿元，较上年增加18.63亿元，增长31.92%。企业研发财政奖补资金为5.94亿元，较上年增加2.23亿元，增长60.11%；企业研发财政奖补企业数为1767家，较上年增加1倍。

（二）四大区域板块创新发展情况

1. 长株潭地区示范引领作用十分显著

2019年，长沙、株洲、湘潭三市全社会研发（R&D）经费支出454.48亿元，占全省的57.74%，其中基础研究经费支出23.73亿元，占全省的75.31%。地方财政科技支出88.11亿元，占全省的51.25%。

有效发明专利拥有数36929件，占全省的79.02%。技术合同成交额405.09亿元，占全省的82.56%。科技论文发表数量56917篇，占全省的78.18%。

拥有高新技术企业4044家，占全省的64.32%。高新技术产业增加值5287.75亿元，占全省的55.82%。规模以上工业企业新产品销售收入4465.29亿元，占全省的55.09%。企业研发加计扣除减免税额55.88亿元，占全省的72.56%。企业研发财政奖补资金额4.40亿元，占全省的73.98%。

2. 洞庭湖地区创新活力明显增强

2019年，岳阳、常德、益阳三市全社会研发（R&D）经费支出142.00亿元，占全省的18.04%，其中基础研究经费支出2.94亿元，占全省的9.34%，占全省比重较上年提升1.12个百分点。

拥有高新技术企业864家，占全省的13.74%，占比较上年提升0.09个百分点。高新技术产业增加值 1661.75 亿元，占全省总量的 17.54%，占比较上年提升 0.50 个百分点。高新技术产品出口额 39.6 亿元，增速达到 155.45%，高新技术产品出口额占全省总额的 9.50%，占比较上年提升 3.14 个百分点。

规模以上工业企业有研发（R&D）活动的单位数 1746 家，占全省的 24.52%，占比较上年提升 0.72 个百分点。规模以上工业企业有研发（R&D）活动的单位占规上工业企业比重达到 44.04%，超过全省平均水平（42.99%）。

3. 湘南地区创新投入增速显著加快

2019 年，衡阳、郴州、永州三市基础研究经费支出 3.29 亿元，较上年增长 145.67%，增速居四大板块首位；基础研究经费占全社会研发（R&D）经费支出的比重为 3.12%，较上年提升 1.66 个百分点，超过全省平均增幅 1.12 个百分点。全社会研发（R&D）人员全时当量 21475.4 人年，占全省研发（R&D）人员全时当量的 13.65%，占比较上年提升 0.55 个百分点。

高等学校研发（R&D）经费中企业资金 1.46 亿元，较上年增长 271.20%，远超全省平均增速（69.53%），占全省总数的 9.04%，占比较上年提升 4.91 个百分点。

技术合同成交额 25.44 亿元，较上年增长 126.92%，增速居四大板块首位。

4. 湘西地区政府支撑创新发展力度明显提升

2019 年，邵阳、张家界、怀化、娄底、湘西州五市地方财政科技支出 20.19 亿元，较上年增长 43.82%，超过全省平均增速（32.31%），占全省财政科技支出的 11.74%，占比较上年提升 0.94 个百分点。政府研发投入 5.24 亿元，较上年增长 49.37%，远超全省平均增速（5.96%），占全省政府研发投入的 5.91%，占比较上年提升 1.72 个百分点。

企业研发加计扣除减免税额 6.58 亿元，占全省总额的 8.55%，占比较上年提升 0.12 个百分点。企业研发财政奖补资金额 0.58 亿元，较上年增长 190.61%，占全省的 9.68%，占比较上年提升 4.35 个百分点。企业研发财政奖补企业数 177 家，较上年增长 168.18%，占全省的 10.02%，占比较上年提升 2.42 个百分点（主要数据见表 1）。

表1 2019年湖南省四大区域版块科技创新主要指标情况

指标名称	数值					占全省比重（%）			
	全省	长株潭	洞庭湖	湘南	湘西	长株潭	洞庭湖	湘南	湘西
全社会研发（R&D）经费支出（亿元）	787.16	454.48	142.00	105.14	85.55	57.74	18.04	13.36	10.87
基础研究经费支出（亿元）	31.51	23.73	2.94	3.29	1.55	75.31	9.34	10.43	4.92
全社会研发（R&D）人员全时当量（人年）	157276.80	95918.00	23620.40	21475.40	16265.00	60.99	15.02	13.65	10.34
地方财政科技支出（亿元）	171.92	88.11	26.28	21.76	20.19	51.25	15.29	12.66	11.74
政府研发投入（亿元）	88.59	73.67	3.17	6.51	5.24	83.16	3.58	7.35	5.91
有效发明专利拥有数（件）	46736	36929	4369	3329	2105	79.02	9.35	7.12	4.50
技术合同成交额（亿元）（按输出地域）	490.69	405.09	40.26	25.44	19.90	82.56	8.21	5.18	4.06
科技论文发表数量（篇）	72806	56917	4271	7410	4208	78.18	5.87	10.18	5.78
高新技术产业增加值（亿元）	9472.89	5287.75	1661.75	1493.96	1029.44	55.82	17.54	15.77	10.87
高新技术产品出口额（亿元）	417.0	315.9	39.6	54.6	6.9	75.76	9.50	13.09	1.65
高等学校研发（R&D）经费中企业资金（亿元）	16.20	12.40	1.79	1.46	0.54	76.53	11.07	9.04	3.36
高新技术企业数量（家）	6287	4044	864	654	725	64.32	13.74	10.40	11.53
规模以上工业企业有研发（R&D）活动的单位数（家）	7122	2587	1746	1503	1286	36.32	24.52	21.10	18.06
规模以上工业企业新产品销售收入（亿元）	8105.36	4465.29	1737.85	940.31	961.90	55.09	21.44	11.60	11.87
企业研发加计扣除减免税额（亿元）	77.00	55.88	7.38	7.16	6.58	72.56	9.59	9.30	8.55
享受企业研发加计扣除企业数量（家）	9737	6148	1263	1101	1225	63.14	12.97	11.31	12.58
企业研发财政奖补资金（亿元）	5.94	4.40	0.46	0.51	0.58	73.98	7.71	8.63	9.68
企业研发财政奖补企业数（家）	1767	1251	217	122	177	70.80	12.28	6.90	10.02

二 湖南省区域科技创新能力评价指标及方法

（一）评价指标体系的构建

本报告对标中国区域创新评价体系，结合湖南省创新发展特点，并遵循动态连续可比原则，在上年指标体系的基础上新增了 7 个三级指标，建立了由 5 个一级指标、15 个二级指标和 60 个三级指标构成的区域科技创新能力评价体系（见表2）。

表 2 湖南省区域科技创新能力评价指标

一级指标	二级指标	三级指标
科技创新投入	全社会研发投入综合指标	全社会研发（R&D）经费支出（亿元）
		全社会研发（R&D）经费支出占地区生产总值（GDP）的比重（%）
		全社会研发（R&D）经费支出增速（%）
		基础研究经费支出（亿元）
		基础研究经费占全社会研发（R&D）经费支出的比重（%）
		基础研究经费支出增速（%）
		全社会研发（R&D）人员全时当量（人年）
		每万人平均研发（R&D）人员全时当量（人年）
		全社会研发（R&D）人员全时当量增速（%）
	政府科技投入综合指标	地方财政科技支出（亿元）
		地方财政科技支出占地方财政支出比重（%）
		地方财政科技支出增速（%）
		政府研发投入（亿元）
		政府研发投入占比（%）
		政府研发投入增速（%）
科技创新产出	发明专利综合指标	有效发明专利拥有数（件）
		万人有效发明专利拥有数（件）
		有效发明专利拥有数增速（%）
	技术市场综合指标	技术合同成交额（亿元）（按输出地域）
		技术合同成交额占地区生产总值（GDP）的比重（%）
		技术合同成交额增速（%）（按输出地域）

续表

一级指标	二级指标	三级指标
科技创新产出	科技成果奖励及科技论文综合指标	省级及以上科技成果奖励数量(个)
		科技论文发表数量(篇)
		每亿元研发(R&D)经费发表科技论文数量(篇)
		科技论文发表数增速(%)
科技创新绩效	产业结构综合指标	科技服务业产业增加值(亿元)
		科技服务业产业增加值占地区生产总值(GDP)的比重(%)
		科技服务业产业增加值增速(%)
		高新技术产业增加值(亿元)
		高新技术产业增加值占地区生产总值(GDP)的比重(%)
		高新技术产业增加值增速(%)
	产业竞争力综合指标	高新技术产品出口额(亿元)
		高新技术产品出口额占货物出口总额的比重(%)
		高新技术产品出口额增速(%)
	可持续发展综合指标	万元地区生产总值能耗下降率(%)
		能源消费总量增速(%)
创新平台与环境	园区发展综合指标	国家级园区数量(个)
		省级园区数量(个)
	创新基地综合指标	省级及以上科技创新基地数量(个)
		省级及以上创新创业服务平台数量(个)
	平台金融环境综合指标	创新创业服务平台投融资额(亿元)
		创新创业服务平台投融资额增速(%)
	校企研发合作综合指标	高等学校研发(R&D)经费中企业资金(亿元)
		高等学校研发(R&D)经费中企业资金占比(%)
		高等学校研发(R&D)经费中企业资金增速(%)
企业科技创新	企业科技基础及投入综合指标	高新技术企业数量(家)
		每万家企业法人中高新技术企业数(家)
		高新技术企业数增速(%)
		规模以上工业企业有研发(R&D)活动的单位数(家)
		规模以上工业企业有研发(R&D)活动的单位占比(%)
		规模以上工业企业研发(R&D)经费占营业收入的比重(%)
		规模以上工业企业研发(R&D)经费增速(%)
	企业科技活动产出综合指标	规模以上工业企业新产品销售收入(亿元)
		规模以上工业企业新产品销售收入占营业收入的比重(%)
		规模以上工业企业新产品销售收入增速(%)

续表

一级指标	二级指标	三级指标
企业科技创新	企业获政府支持综合指标	企业研发加计扣除减免税额（亿元）
		享受企业研发加计扣除企业数量（家）
		企业研发加计扣除减免税额增速（%）
		企业研发财政奖补资金额（亿元）
		企业研发财政奖补企业数（家）

（二）评价方法

1. 总方法

多指标综合评价法。

2. 指标权重

采用德尔菲法（专家咨询法）和熵值法结合的主观客观综合赋权法。

3. 数据标准化

区分正效指标和负效指标，分别进行无量纲化处理，并对数据边界进行合理化修正。

（三）评价步骤

1. 三级指标标准化

将三级评价指标先采用对数标准化，以降低端点极值对数据平衡的杠杆影响；再根据多目标规划原理，采用功效系数法对各项评价指标分别确定一对满意值和不允许值，以满意值为上限、以不允许值为下限，计算相应的功效评分值，作为指标的评价值。

对数标准化公式：

$$Y_{ij} = LN(X_{ij} - MIN(X_{ij}) + 1)$$

功效系数法：

$$Z_{ij} = \frac{Y_{ij} - MIN(Y_{ij})}{MAX(Y_{ij}) - MIN(Y_{ij})} \times A + B \qquad （正效指标）$$

$$Z_{ij} = \frac{MAX(Y_{ij}) - Y_{ij}}{MAX(Y_{ij}) - MIN(Y_{ij})} \times A + B \qquad （负效指标）$$

其中 A 为功效区间，B 为功效基准值。

2. 二级指标生成

二级指标评分值由三级指标评价值乘以相应指标权重加权综合而成。公式如下：

$$U_{ij} = \sum_{i=1}^{n} \omega_i \times Z_{ij}$$

其中 ω_i 为各三级指标权重，n 为每个二级指标下包含的三级指标个数。

3. 一级指标生成

一级指标评分值由二级指标评分值乘以相应指标权重加权综合而成。公式如下：

$$V_{ij} = \sum_{i=1}^{m} \varphi_i \times U_{ij}$$

其中 φ_i 为各二级指标权重，m 为每个一级指标下包含的二级指标个数。

4. 总评分的产生

总评分值由一级指标评分值乘以相应指标权重加权综合而成。公式如下：

$$W = \sum_{i=1}^{h} \tau_i \times V_{ij}$$

其中 τ_i 为各一级指标权重，h 为一级指标个数。

三　湖南省区域科技创新能力评价结果分析

依据区域科技创新能力综合得分和构成区域科技创新能力的 5 个一级指标情况，对湖南省 14 个市州科技创新能力进行分析和评价。

（一）区域综合科技创新水平及变化情况

区域科技创新能力评价结果显示，长沙、株洲、湘潭排名三甲，环洞庭湖地区的常德、岳阳、益阳分列第5、6、9位，湘南地区的衡阳排名第4位，永州、郴州分列第8、10位，湘西地区的怀化排名第7位，娄底、邵阳、湘西州和张家界分列第11～14位。

与上年区域科技创新能力评价结果相比，长沙、株洲、湘潭、衡阳、邵阳、张家界、娄底和湘西州8市排名无变化；

常德、永州和怀化三市排名上升，其中，永州、怀化上升2位，常德上升1位；岳阳、益阳、郴州三市位次下降，其中益阳、郴州下降2位，岳阳下降1位（见表3）。

表3　湖南省区域科技创新能力综合得分及排名变化

市　　州	当年综合得分	当年排名	上年综合得分	上年排名	两年综合得分变化	两年排名变化
长　沙	94.73	1	92.34	1	2.39	0
株　洲	86.90	2	85.37	2	1.53	0
湘　潭	84.74	3	83.12	3	1.62	0
衡　阳	80.23	4	78.96	4	1.27	0
常　德	79.89	5	77.63	6	2.26	+1
岳　阳	79.61	6	78.12	5	1.49	−1
怀　化	77.61	7	76.90	9	0.71	+2
永　州	77.33	8	76.09	10	1.23	+2
益　阳	77.22	9	77.12	7	0.10	−2
郴　州	76.46	10	76.95	8	−0.50	−2
娄　底	75.74	11	74.78	11	0.96	0
邵　阳	73.58	12	74.42	12	−0.84	0
湘西州	70.34	13	70.57	13	−0.23	0
张家界	66.91	14	64.81	14	2.1	0

注："当年"指2021年评价报告结果，"上年"指2020年评价报告结果。

（二）区域科技创新一级指标评价情况

科技创新投入综合得分显示，长沙、株洲、湘潭居前3位，综合得分均在85分（含）以上；衡阳、怀化、岳阳、永州、益阳、常德、娄底居第4～10位，得分在75分（含）至85分（不含）之间；湘西州、郴州、邵阳、张家界居第11～14位，得分在75分（不含）以下。有8个市州的科技创新投入综合得分较上年提高，其中湘西州较上年提升5分以上，提升幅度居各市州首位；张家界、衡阳两市较上年提升3分以上；岳阳、娄底、长沙、怀化和永州五市均实现不同程度的提升。

科技创新产出综合得分显示，长沙、株洲、湘潭居前3位，综合得分均在85分（含）以上；常德、衡阳、郴州、益阳、永州、怀化居第4～9位，得分在75分（含）至85分（不含）之间；岳阳、邵阳、娄底、湘西州、张家界居第10～14位，得分在75分（不含）以下。有13个市州的科技创新产出综合得分较上年提高，其中郴州较上年提升6分以上，提升幅度居各市州首位；张家界较上年提升超5分，提升幅度居第2位。永州、常德、怀化、衡阳、湘西州、邵阳、湘潭、娄底、益阳、岳阳、株洲均实现不同程度提升。

科技创新绩效综合得分显示，长沙、株洲、岳阳居前3位，综合得分均在84分（含）以上；永州、常德、郴州、益阳、衡阳、湘潭、邵阳、娄底居第4～11位，得分在75分（含）至84分（不含）之间；怀化、湘西州、张家界居第12～14位，得分在75分（不含）以下。有9个市州的科技创新绩效综合得分较上年提高，其中永州较上年提升5分以上，提升幅度居各市州首位。长沙、株洲、岳阳、常德、郴州、邵阳、益阳、衡阳均实现不同程度提升。

创新平台与环境综合得分显示，长沙、湘潭居前2位，综合得分均在80分（含）以上；常德、岳阳、株洲、衡阳、邵阳、怀化、郴州居第3～9位，得分在75分（含）至80分（不含）之间；益阳、娄底、永州、湘西州、张家界居第10～14位，得分在75分（不含）以下。有9个市州的创新平台与环境综合得分较上年提高，其中常德、湘潭、怀化三市综合得分较上年提升2分以上；郴州、娄底、益阳、张家界、株洲、岳阳六市均实现不同程度提升。

企业科技创新综合得分显示，长沙、株洲、湘潭居前3位，综合得分均在85分（含）以上；娄底、衡阳、常德、怀化、岳阳、益阳、永州、郴州居第4~11位，得分在75分（含）至85分（不含）之间；邵阳、张家界、湘西州居第12~14位，得分在75分（不含）以下。有10个市州的企业科技创新综合得分较上年提高，其中常德较上年提升6分以上，提升幅度居各市州首位；娄底较上年提升5分以上，提升幅度居第2位；湘西州、湘潭、张家界、怀化、益阳、衡阳、株洲、长沙均实现不同程度提升（见表4）。

表4 湖南省区域科技创新能力综合评价及一级指标得分、排名

地区	综合评价		科技创新投入		科技创新产出		科技创新绩效		创新平台与环境		企业科技创新	
	得分	排名	得分	排名	得分	排名	得分	排名	得分	排名	得分	排名
长 沙	94.73	1	95.82	1	94.88	1	91.07	1	95.66	1	96.27	1
株 洲	86.90	2	88.97	2	91.06	2	84.90	2	78.60	5	88.22	2
湘 潭	84.74	3	85.48	3	89.83	3	78.65	9	82.58	2	86.74	3
衡 阳	80.23	4	80.58	4	80.27	5	79.76	8	76.39	6	83.95	5
常 德	79.89	5	76.55	9	80.28	4	81.74	5	79.94	3	83.53	6
岳 阳	79.61	6	78.39	6	74.65	10	84.81	3	79.69	4	81.63	8
怀 化	77.61	7	79.16	5	75.64	9	74.79	12	75.25	8	83.24	7
永 州	77.33	8	77.49	7	75.86	8	83.59	4	69.98	12	77.93	10
益 阳	77.22	9	77.20	8	76.57	7	79.95	7	71.25	10	80.45	9
郴 州	76.46	10	72.33	12	78.00	6	81.65	6	75.13	9	77.05	11
娄 底	75.74	11	75.53	10	74.19	12	75.62	11	70.01	11	84.15	4
邵 阳	73.58	12	70.26	13	74.36	11	76.70	10	75.49	7	73.14	12
湘西州	70.34	13	72.61	11	72.23	13	68.83	13	65.97	13	69.68	14
张家界	66.91	14	65.19	14	67.86	14	68.09	14	61.68	14	72.70	13

（三）区域综合科技创新水平分析

根据各市州区域科技创新能力综合得分，可以将 14 个市州分为 3 类。第 1 类：科技创新能力综合得分 80 分以上的市州，包括长沙、株洲、湘潭、衡阳。第 2 类：科技创新能力综合得分低于 80 分，但高于 75 分的市州，包括常德、岳阳、怀化、永州、益阳、郴州、娄底。第 3 类：科技创新能力综合得分低于 75 分的市州，包括邵阳、湘西州、张家界。

1. 第一梯队

（1）长沙市

长沙市科技创新能力综合得分 94.73 分，较上年提高 2.39 分，排名保持全省第 1 位，5 个一级指标均保持全省首位。其中，科技创新绩效势头良好，得分 91.07 分，较上年提升 4.94 分，提升幅度为 5 个一级指标之首；科技创新投入稳步提升，得分 95.82 分，较上年提升 1.88 分；企业科技创新稳中有升，得分 96.27 分，较上年提升 0.52 分；创新平台与环境稳步发展，得分 95.66 分，较上年下降 0.03 分；科技创新产出略有下降，得分 94.88 分，较上年下降 0.09 分。

长沙市有超过 45% 的指标居全省首位，分别是全社会研发（R&D）经费支出、地方财政科技支出等指标；有 7 个指标居全省第 12~13 位，均为增速指标，分别是高新技术产业增加值增速、高等学校研发（R&D）经费中企业资金增速等。有 25% 的指标排名上升，其中地方财政科技支出增速排名上升 6 个位次；有 7 个指标排名下降，其中技术合同成交额增速下降 8 个位次，政府研发投入增速下降 4 个位次。

（2）株洲市

株洲市科技创新能力综合得分 86.90 分，较上年提升 1.53 分，排名保持全省第 2 位。其中，科技创新绩效明显提升，得分 84.90 分，较上年提升 4.83 分，排名提升 1 位至全省第 2 位；企业科技创新小幅提升，得分 88.22 分，较上年提升 1.41 分，排名保持全省第 2 位；科技创新产出略有提升，得分 91.06 分，较上年提升 0.54 分，排名保持全省第 2 位；科技创新投入增速趋缓，得分 88.97 分，较上年下降 3.68 分，排名保持全省第 2 位；创新平台与环境排名略降，得分 78.60 分，居全省第 5 位，较上年下降 1 位。

株洲市共有 49% 的指标居全省前 3 位，包括全社会研发（R&D）经费支出、全社会研发（R&D）经费支出占地区生产总值（GDP）的比重等指标；有 7 个指标排名居全省第 11 ～ 13 位，除基础研究经费占全社会研发（R&D）经费支出的比重指标外，其他均为增速指标。有 19% 的指标排名上升，其中高新技术产业增加值增速、高新技术产品出口额增速指标排名提升超过 5 个位次；有 29% 的指标排名下降，其中规模以上工业企业研发（R&D）经费增速、全社会研发（R&D）人员全时当量增速、政府研发投入增速等指标排名下降超过 6 个位次。

（3）湘潭市

湘潭市科技创新能力综合得分 84.74 分，较上年提高 1.62 分，排名保持全省第 3 位。其中，企业科技创新明显提升，综合得分 86.74 分，较上年提升 4.63 分，排名居全省第 3 位，较上年提升 1 位；创新平台与环境稳定发展，得分 82.58 分，较上年提升 2.18 分，排名保持全省第 2 位；科技创新产出有所提升，得分 89.83 分，较上年提升 1.51 分，排名保持全省第 3 位；科技创新投入略有下降，得分 85.48 分，较上年下降 0.69 分，排名保持全省第 3 位；科技创新绩效小幅下降，得分 78.65 分，排名居全省第 9 位，较上年下降 3 位。

湘潭市超过 40% 的指标居全省前 3 位，其中高新技术产业增加值占地区生产总值（GDP）的比重、每万家企业法人中高新技术企业数 2 个指标居全省第 1 位；另外，有 2 个指标排名居第 13 ～ 14 位，分别是高新技术产品出口额增速和地方财政科技支出增速。有 33% 的指标排名上升，其中全社会研发（R&D）经费支出增速、规模以上工业企业研发（R&D）经费增速等指标排名上升 5 个位次；有 31% 的指标排名下降，其中地方财政科技支出增速指标排名下降 10 个位次，企业研发加计扣除减免税额增速指标下降 7 个位次。

（4）衡阳市

衡阳市科技创新能力综合得分 80.23 分，较上年提高 1.27 分，排名保持全省第 4 位。其中，科技创新投入显著提升，得分 80.58 分，排名居全省第 4 位,较上年提升 4 位;创新平台与环境保持稳定,得分 76.39 分,较上年下降 0.64 分,排名保持全省第 6 位;科技创新产出略微下降,得分 80.27 分,排名居全省第 5 位,较上年下降 1 位;企业科技创新尚需增强,得分 83.95 分,排名居全省第 5 位,较上年下降 2 位;科技创新绩效有待提升,得分 79.76 分,排名居全省第 8 位,较上年下降 3 位。

衡阳市有 20% 的指标居全省前 3 位,其中政府研发投入增速居全省第 1 位,高新技术产品出口额、基础研究经费支出等指标居第 2~3 位;另外,有 5 个指标排名居第 12~14 位,分别是高等学校研发(R&D)经费中企业资金占比、万元地区生产总值能耗下降率、能源消费总量增速等指标。有 37% 的指标排名上升,其中政府研发投入增速排名上升 9 个位次;有 38% 的指标排名下降,其中万元地区生产总值能耗下降率排名下降 9 位,有效发明专利拥有数增速排名下降 6 位。

2. 第二梯队

(5) 常德市

常德市科技创新能力综合得分 79.89 分,较上年提升 2.26 分,排名居全省第 5 位,较上年提升 1 位。其中,科技创新绩效显著提升,得分 81.74 分,排名居全省第 5 位,较上年提升 7 位;企业科技创新大幅提升,得分 83.53 分,排名居全省第 6 位,较上年提升 5 位;创新平台与环境小幅提升,得分 79.94 分,居全省第 3 位,较上年提升 2 位;科技创新产出略有提升,得分 80.28 分,排名居全省第 4 位,较上年提升 1 位;政府科技投入明显回落,得分 76.55 分,排名居全省第 9 位,较上年下降 3 位。

常德市有 25% 的指标居全省前 4 位,包括科技论文发表数增速、高新技术产品出口额增速、规模以上工业企业新产品销售收入增速等指标;另有 6 个指标排名居全省第 11~13 位,分别是基础研究经费占全社会研发(R&D)经费支出的比重、政府研发投入占比、每亿元研发(R&D)经费发表科技论文数量等指标。有 40% 的指标排名上升,其中规模以上工业企业新产品销售收入增速、科技论文发表数增速等指标排名上升超过 10 个位次;有 25% 的指标排名下降,其中政府研发投入增速、技术合同成交额增速排名下降明显。

（6）岳阳市

岳阳市科技创新能力综合得分 79.61 分，较上年提升 1.49 分，排名居全省第 6 位，较上年下降 1 位。其中，科技创新投入大幅提升，得分 78.39 分，排名居全省第 6 位，较上年提升 4 位；创新平台与环境稳步发展，得分 79.69 分，居全省第 4 位，较上年下降 1 位；科技创新产出略有下降，得分 74.65 分，排名居全省第 10 位，较上年下降 3 位；科技创新绩效相对下降，得分 84.81 分，排名居全省第 3 位，较上年下降 1 位；企业科技创新总体下降，得分 81.63 分，排名居全省第 8 位，较上年下降 3 位。

岳阳市有 44% 的指标居全省前 5 位，其中高新技术产品出口额增速居全省首位，规模以上工业企业新产品销售收入、高新技术产业增加值等指标居全省第 2 位；有 20% 的指标排名全省第 12～14 位，包括政府研发投入增速、规模以上工业企业新产品销售收入增速、每亿元研发（R&D）经费发表科技论文数量等指标。有 42% 的指标排名提升，其中高新技术产品出口额排名提升 5 个位次，企业研发加计扣除减免税额增速排名提升 4 个位次；有 38% 的指标排名下降，其中技术合同成交额增速、高等学校研发（R&D）经费中企业资金增速和规模以上工业企业新产品销售收入增速指标排名下降超过 7 个位次。

（7）怀化市

怀化市科技创新能力综合得分 77.61 分，较上年提高 0.71 分，排名居全省第 7 位。其中，科技创新投入持续提升，得分 79.1 分，排名居全省第 5 位，较上年提升 2 位；创新平台与环境得到优化，得分 75.25 分，排名居全省第 8 位，较上年提升 2 位；企业科技创新比较稳定，得分 83.24 分，较上年提升 2.65 分，排名保持全省第 7 位；技术交易产出有所下滑，科技创新产出综合得分 75.64 分，排名居全省第 9 位，较上年下降 1 位；科技创新绩效明显下降，得分 74.79 分，排名居全省第 12 位，较上年下降 4 位。

怀化市有 29% 的指标居全省前 5 位，其中地方财政科技支出增速、有效发明专利拥有数增速、高新技术企业数增速、规模以上工业企业研发

（R&D）经费占营业收入的比重四个指标居全省第 1 位；另有 19% 的指标排名居第 12 ~ 14 位，分别是基础研究经费支出增速、技术合同成交额增速等指标。有 46% 的指标排名上升，其中科技论文发表数增速、地方财政科技支出增速 2 个指标排名上升 11 个位次；有 27% 的指标排名下降，其中高新技术产品出口额增速、企业研发加计扣除减免税额增速 2 个指标排名下降 10 个位次。

（8）永州市

永州市科技创新能力综合得分 77.33 分，较上年提高 1.23 分，排名居全省第 8 位，较上年提升 2 位。其中，科技创新绩效大幅提升，得分 83.59 分，排名居全省第 4 位，较上年提升 6 位；科技创新产出较快提升，得分 75.86 分，排名居全省第 8 位，较上年提升 3 位；科技创新投入小幅提升，得分 77.49 分，排名居全省第 7 位，较上年提升 2 位；创新平台与环境排名下降，得分 69.98 分，排名居全省第 12 位，较上年下降 4 位；企业科技创新小幅下降，得分 77.93 分，排名保持全省第 10 位，得分较上年下降 0.54 分。

永州市超过 20% 的指标位居全省前 5 位，其中万元地区生产总值能耗下降率、能源消费总量增速、规模以上工业企业有研发（R&D）活动的单位占比等指标居全省第 1 位；另外，有 8 个指标排名居第 12 ~ 14 位，分别是每万家企业法人中高新技术企业数、企业研发加计扣除减免税额等指标。有 31% 的指标排名上升，其中地方财政科技支出增速指标排名上升 10 个位次，万元地区生产总值能耗下降率、企业研发加计扣除减免税额增速 2 个指标排名均上升 7 个位次；有 31% 的指标排名下降，其中科技论文发表数增速下降 7 个位次、全社会研发（R&D）经费支出增速下降 6 个位次。

（9）益阳市

益阳市科技创新能力综合得分为 77.22 分，较上年提高 0.10 分，排名全省第 9 位，较上年下降 2 位。其中，创新平台规模扩大，创新平台与环境得分 71.25 分，居全省第 10 位，较上年提升 1 位；科技创新产出略有下降，得分 76.57 分，居全省第 7 位，较上年下降 1 个位次；企业科技创新有待改善，得分 80.45 分，居全省第 9 位，较上年下降 1 位；科技创新绩效需进一步发力，得分为 79.95 分，居全省第 7 位，较上年下降 3 个位次；科技创新投入增速明显回落。科技创新投入得分为 77.20 分，居全省第 8 位，较上年下降 4 个位次。

益阳市有 3 个指标居全省第 3 位，分别是基础研究经费支出增速、高新技术产品出口额增速、能源消费总量增速；另外，有 5 个指标排名居第 12～14 位，分别是科技论文发表数增速、企业研发加计扣除减免税额增速等。有 29% 的指标排名上升，其中能源消费总量增速排名上升 7 个位次，技术合同成交额增速上升 5 个位次；有 44% 的指标排名下降，其中全社会研发（R&D）经费支出增速、高新技术产业增加值增速均下降 5 个位次。

（10）郴州市

郴州市科技创新能力综合得分 76.46 分，较上年下降 0.50 分，排名居全省第 10 位。其中，技术交易产出大幅上升，科技创新产出得分 78.00 分，排名居全省第 6 位，较上年提升 6 位；产业竞争力明显提升，科技创新绩效综合得分 81.65 分，排名居全省第 6 位，较上年提升 1 位；创新环境基本稳定，创新平台与环境综合得分 75.13 分，得分较上年提升 1.97 分，排名保持全省第 9 位；企业科技创新降幅明显，得分 77.05 分，排名居全省第 11 位，较上年下降 5 位；科技创新投入大幅下降，得分 72.33 分，排名居全省第 12 位，较上年下降 7 位。

郴州市有 5 个指标位居全省前 3 位，其中技术合同成交额增速、高等学校研发（R&D）经费中企业资金占比、高等学校研发（R&D）经费中企业资金增速 3 个指标居全省第 1 位；另外，有 32% 的指标排名居第 12～14 位，其中基础研究经费占全社会研发（R&D）经费支出的比重、全社会研发（R&D）人员全时当量增速等 5 个指标居全省第 14 位。有 29% 的指标排名上升，技术合同成交额增速、高等学校研发（R&D）经费中企业资金占比、高等学校研发（R&D）经费中企业资金增速 3 个指标排名上升 13 个位次；有 58% 的指标排名下降，其中地方财政科技支出增速指标下降 9 位，政府研发投入下降 7 个位次。

（11）娄底市

娄底市科技创新能力综合得分 75.74 分，较上年提高 0.96 分，排名保持全省第 11 位。其中，企业科技创新大幅提升，得分 84.15 分，排名居全省第 4 位，较上年提升 5 位；科技创新投入小幅上升，得分 75.53 分，排名居全省第 10 位，较上年提升 2 位；国家级科技园区数量小幅上升，创新平台与环境得分 70.01 分，排名居全省第 11 位，较上年提升 1 位；科技创新绩效有所下降，得分 75.62 分，排名居全省第 11 位，较上年下降 2 位；科技创新产出明显下降，得分 74.19 分，排名居全省第 12 位，较上年下降 3 位。

娄底市有 22% 的指标位居全省前 5 位，其中全社会研发（R&D）人员全时当量增速居全省第 1 位，规模以上工业企业研发（R&D）经费增速、规模以上工业企业新产品销售收入占营业收入的比重 2 个指标居全省第 2 位；另外，有 25% 的指标排名居第 12 ~ 13 位，高新技术产品出口额占货物出口总额的比重、政府研发投入等 10 个指标居全省第 13 位。有 38% 的指标排名上升，其中规模以上工业企业研发（R&D）经费增速指标排名上升 6 个位次，全社会研发（R&D）经费支出占地区生产总值（GDP）的比重等指标上升 5 个位次；超过 36% 的指标排名下降，其中高新技术产品出口额占货物出口总额的比重、高新技术产品出口额增速 2 个指标排名下降 10 个位次。

3. 第三梯队

（12）邵阳市

邵阳市科技创新能力综合得分 73.58 分，较上年下降 0.84 分，排名保持全省第 12 位。其中，科技创新绩效提升明显，得分 76.70 分，居全省第 10 位，较上年提升 3 位；创新平台与环境稳步发展，得分 75.49 分，较上年下降 0.53 分，排名保持全省第 7 位；企业科技创新总体平稳，得分 73.14 分，较上年下降 0.89 分，排名保持全省第 12 位；科技创新产出略有下降，得分 74.36 分，居全省第 11 位，较上年下降 1 位；科技创新投入表现不佳，得分 70.26 分，居全省第 13 位，较上年下降 2 位。

邵阳市共有 9 个指标居全省前 5 位，除园区和平台个数外，其余均为增速指标，包括地方财政科技支出增速、政府研发投入增速等；另外，有 34% 的指标排名居全省第 12 ~ 14 位，包括万人有效发明专利拥有数、每万家企业法人中高新技术企业数等指标。有33%的指标排名上升，其中政府研发投入、政府研发投入增速排名上升5个位次；有48%的指标排名下降，其中全社会研发（R&D）经费支出增速、规模以上工业企业研发（R&D）经费占营业收入的比重等指标排名下降超过5个位次。

（13）湘西州

湘西州科技创新能力综合得分70.34分，较上年下降0.23分，排名保持全省第13位。其中，科技创新投入有所提升，得分72.61分，排名居全省第11位，较上年提升2位；企业科技创新略有提升，得分69.68分，较上年提升4.81分，排名保持全省第14位；技术交易产出增速明显，科技创新产出得分72.23分，较上年提升1.68分，排名保持全省第13位；创新平台与环境维持稳定，得分65.97分，较上年下降1.11，排名保持全省第13位；科技创新绩效有待提高，得分68.83分，较上年下降8.79分，排名居全省第13位，较上年下降2位。

湘西州有22%的指标居全省前5位，其中全社会研发（R&D）经费支出增速、基础研究经费占全社会研发（R&D）经费支出的比重等7个指标居全省第1位；另外，超过52%的指标排名居第12～14位，其中有效发明专利拥有数增速、技术合同成交额等9个指标居全省第14位。有29%的指标排名上升，其中企业研发加计扣除减免税额增速指标排名上升11个位次；有33%的指标排名下降，其中高新技术产业增加值增速指标排名下降13个位次。

（14）张家界市

张家界市科技创新能力综合得分66.91分，较上年提高2.10分，排名保持全省第14位。其中，技术交易产出显著提高，科技创新产出得分67.86分，较上年提升5.22分，排名保持全省第14位；企业科技活动产出小幅提升，企业科技创新得分72.70分，较上年提升3.96分，排名保持全省第13位；研发经费支出快速增长，科技创新投入得分65.19分，较上年提升4.00分，排名保持全省第14位；创新平台与环境有所改善，得分61.68分，较上年提升0.79分，排名保持全省第14位；科技创新绩效略有下降，得分68.09分，较上年下降0.56分，排名保持全省第14位。

张家界市超过 20% 的指标居全省前 3 位，全部为增速指标，分别是全社会研发（R&D）经费支出增速、基础研究经费支出增速、全社会研发（R&D）人员全时当量增速、技术合同成交额增速等；另外，有 37% 的指标排名居全省第 14 位，分别是全社会研发（R&D）经费支出、地方财政科技支出、高新技术产业增加值等。有 29% 的指标排名上升，其中技术合同成交额增速和规模以上工业企业新产品销售收入增速排名均上升 11 个位次；有 10 个指标排名下降，其中能源消费总量增速下降 6 个位次，高新技术产品出口额增速下降 5 个位次。

B.12
湖南省高新区创新发展绩效
评价报告（2020）

谭力铭　廖婷　李维思　石海林　邬亭玉*

摘　要：　为大力实施"三高四新"战略，加速推动创新型省份建设，加强对湖南省高新技术产业开发区的分类指导、绩效考核和动态管理，本报告从高新区发展、创新基础、管理体制机制等方面分析了湖南省高新区的发展现状与成效，指出了湖南省高新区高质量发展存在的主要问题，从成果产出、产业升级、对外交流、动态管理等方面提出了对策建议。

关键词：　高新区　创新发展　绩效评价　湖南

一　湖南高新区发展现状与成效

截至 2019 年底，湖南省有国家和省级高新区 44 家，其中国家高新区 8 家，数量居全国第六位。近年来，湖南认真组织实施高新区创新驱动发展提质升级三年行动，高新区呈现量少质优的发展态势。根据科技部 2019 年

---

* 谭力铭，湖南省科学技术信息研究所助理研究员，主要研究方向为科技信息情报、产业竞争情报；廖婷，湖南省科学技术信息研究所助理研究员，主要研究方向为科技信息情报、产业竞争情报；李维思，湖南省科学技术信息研究所副所长，主要研究方向为科技信息情报、产业竞争情报；石海林，湖南省科学技术信息研究所助理研究员，主要研究方向为科技信息情报、产业竞争情报；邬亭玉，湖南省科学技术信息研究所助理研究员，主要研究方向为科技信息情报、产业竞争情报。

169 家国家高新区评价结果①，湖南省 6 家在全国排位提升。其中，长沙高新区提升 1 位，居全国第 11 位；株洲高新区提升 4 位，居全国第 27 位，提质升级取得明显成效。根据湖南省产业园区建设领导小组办公室对全省 134 个省级及以上产业园区 2019 年综合评价结果，全省高新类园区平均得分高出全省省级及以上产业园区平均得分 9.65 分。

2020 年绩效评价对象为除开福高新区②外的 43 家国家及省级高新区，其中包含新批复的 6 家高新区。绩效评价数据来源于各高新区根据湖南省高新区绩效评价指标上报的 2019 年度定量指标数据与定性指标调查问卷。绩效评价过程包括材料上报、定量数据审核修改、定量数据评分、专家定性评分、综合评价等五个环节。排名前三位的高新区分别为长沙高新区、株洲高新区、宁乡高新区，排名进位较为明显的园区有张家界高新区（19↑）、澧县高新区（9↑）、湘西高新区（9↑）。根据绩效评价结果，湖南省高新区创新发展主要呈现以下特点。

（一）高新区引领园区发展

湖南省 44 家高新区占全省 144 家省级及以上产业园区的 30.6%，整体呈现量少质优的发展态势。

一是经济贡献大。2019 年，全省高新区技工贸总收入为 21218 亿元，同比增长 8.3%，占全省产业园区的 43.6%；高新技术产业主营业务收入为 11049 亿元，同比增长 10.8%，占全省产业园区的 48.6%；上缴税金总额为 652.8 亿元，同比增长 10.2%，占全省产业园区的 40.7%。

二是创新资源密集。2019 年，全省高新区拥有高新技术企业 3093 家，同比增长 86.7%，占全省高新技术企业的 49.2%；共建有省级及以上研发机构 1216 家，同比增长 61.1%，占全省产业园区的 72.6%，省级及以上创新孵化载体 143 家，同比增长 36.2%，占全省产业园区的 47.4%；拥有本

---

① 实际评价为各个国家高新区 2018 年数据。
② 开福高新区因未设立独立机构，未在统计局建档立户，不参与此次绩效评价工作。

科以上学历从业人员 29.3 万人，同比增长 3.3%，占全省产业园区的 57.3%。

三是开放能力增强。2019 年，全省高新区实际使用内外资招商引资金额为 2814.3 亿元，同比增长 16.6%，占全省产业园区的 78.9%；企业出口总额为 1041 亿元，同比增长 36.5%，占全省产业园区的 49.1%。

（二）高质量发展基础夯实有力

一是创新创业平台建设步伐加快。高新区平均拥有省级及以上研发机构 28.3 家，同比增长 42.7%；平均拥有孵化载体 3.3 家，在孵企业 221 家，分别同比增长 29.3%、18%。

二是创新成果产出提速。高新区企业万人新增发明专利授权数平均为 18.8 件，同比增长 21%；人均技术合同交易额为 1.04 万元，同比增长 44.5%；万人新增的知识产权数（含注册商标）为 337.6 件，同比增加 3.3 件。

三是产业培育能力增强。高新区平均拥有省级产业服务促进机构 7.1 家，同比增长 60.5%；平均拥有高新技术企业 71.9 家，同比增长 69.5%，其中，长沙高新区出台了系列政策，构建了种子企业—高新技术企业—瞪羚企业—独角兽企业的科技型企业梯队培育机制，2019 年新增高新技术企业 1009 家，培育上市后备企业 20 家，培育市科技小巨人企业 216 家。

（三）管理体制机制改革成效明显

一是积极探索市场化运营方式。各高新区均积极推进平台公司整合与转型升级，积极推行自主经营、自负盈亏、市场化运营。通过市场化改革防范金融风险、化解政府隐性债务，各高新区平台公司市场化转型发展成效明显。

二是优化选人用人机制。长沙、株洲、宁乡等高新区积极探索推进人力资源改革创新，精简机构，推行绩效工资系数制、岗位竞聘制、绩效全员制等制度。各高新区在探索有效分配激励和考核机制等方面已有成效。

三是完善内设机构配置。2019 年，全省高新区经济发展局配置率达74.4%，同比增长 9.6 个百分点；科技创业服务中心配置率达 72.1%，同比增长 7.2 个百分点；发展规划局配置率达 67.4%，同比增长 16.1 个百分点；产业促进办公室配置率达 65.1%，同比增长 11.1 个百分点；人才服务中心、投融资管理服务中心配置率均达 50% 以上。高新区在产业促进、科技创新、人才服务、科技金融等方面的重视程度提高。

（四）高新区绩效评价工作持续增效

在"以评促建"的引导下，湖南省高新区加大创新发展工作力度，高新区绩效评价工作持续增效。

一是政策支持基本上实现全覆盖。97.7% 的高新区所在市（县）出台了支持高新区发展的相关政策，100% 的高新区出台了支持高新技术企业发展的政策，97.7% 的高新区出台了知识产权激励和保护政策，97.7% 的高新区实施了高新技术企业培育计划和科技型小微企业培育计划，81.4% 的高新区实施了领军企业培育计划。

二是科技金融及成果转移转化提质明显。高新区大力推进财政税收优惠政策和支持企业技术创新金融政策，86% 的高新区设立科技专项资金，83.7% 的高新区为企业自主创新贷款提供担保。

二 湖南高新区发展存在的主要问题

（一）创新建设基础仍待提升

湖南省高新区的创新能力和综合实力仍存在较大提升空间。

一是创新投入结构还需优化。2019 年，全省高新区财政资金引导乏力，企业研发投入下滑，其中全省高新区本科及以上学历从业人员数同比增长

3.3%，增长率较 2018 年降低了 6.3 个百分点，人才引进势头放缓；管委会财政支出中用于科技的投入额同比增长 2.3%，增长率较 2018 年降低了 33 个百分点，企业研发经费内部投入额较 2018 年降低了 6.1%。

二是创新孵化载体建设还需加强。近年来，湖南省高新区创新创业孵化载体建设步伐加快，但从总体来看数量仍然偏少，且 59% 集中分布在 8 家国家高新区内，省级高新区平均拥有孵化载体数不足 2 家，仍有 23 家高新区无新增，6 家高新区无省级及以上创新孵化载体。

三是创新成果产出还需提高。全省高新区创新成果产出总体水平有所提升，但从地区来看，湘南地区与大湘西地区 2019 年新增发明专利授权数较 2018 年减少；洞庭湖地区和大湘西地区技术合同交易额远低于全省平均水平。

（二）产业培育协同仍待加强

高新区作为高新技术产业发展的主阵地，但在在科技领军企业培育、新兴产业培育、产业链协同与配套能力建设等方面成效不足。

一是园区内高新技术企业和科技型中小企业占比小。2019 年，全省高新区平均拥有高新技术企业 71.93 家，占园区企业比重仅为 6.6%；科技型中小企业备案入库数平均为 34.79 家，占园区企业比重仅为 3.2%。

二是高新技术企业质量偏低。2019 年高新区内高新技术企业主营业务收入在 100 亿元以上的仅 16 家，主要分布在先进装备制造、钢铁材料等领域，在新材料、信息技术、航空航天领域缺少世界级科技领军企业。2020 年发布的中国 500 强企业中仅 5 家湖南企业，218 家中国独角兽企业中仅 1 家湖南企业。

三是园区间产业协同不足。各高新区主导产业集中在装备制造、新材料、生物医药产业，产业链条纵向集成与协同创新不够，产业链技术创新存在布局分散、链条割裂、协同不足等问题。据调研，湖南省先进装备制造产业本地配套率仅 30% 左右，整体供货配套及技术水平无法满足整机生产需求，龙头企业的产业辐射带动能力有限。

（三）开放创新能力仍待提升

在走出去参与国际竞争、引进来国际人才等方面，湖南省高新区的开放性还不足。国际贸易交流方面，2019 年全省高新区企业出口额占园区技工贸收入比重仅为 4.91%，在 0.1% 以下的高新区共 10 家；国际人才引进方面，湖南省高新区海外留学归国人员和外籍常住人员占从业人员比重平均值为 0.2%，在 0.1% 以下的高新区共 29 家；国际知识产权成果产出方面，除娄底、宁远、平江高新区以外，其余高新区的万人新增国际专利授权数、国际标准数和注册商标数都在 5 件以下，全省高新区均值为 1.2 件/万人，32 家高新区在平均水平以下，仍有 23 家高新区无国际知识产权成果产出。

（四）绩效评价运用尚存不足

高新区绩效评价是引导高新区完善规划、优化布局和配置支持政策的重要措施，目前湖南省与高新区绩效评价结果相配套的奖惩体系和动态管理机制尚不完善，在园区分类指导和动态管理方面的应用还需加强。而其他省份，如江苏省建立了以绩效评价为导向的考核与动态管理机制，并设立了高新区奖补资金；江西省国家高新区以国家排名进行奖励，省级高新区依江西省高新区绩效评价体系进行奖励，建立了以评价排名为依据的高新区分档奖惩机制，并实行优胜劣汰管理模式。湖南省绩效评价结果的运用还有待完善，对园区的鼓励和敦促作用体现不足，相当一部分高新区仍缺乏竞争意识和争先恐后的动力。

三　关于湖南高新区发展的建议

（一）提升创新能力，促进成果产出

一是优化创新投入结构。优化财政科技经费投入结构，建立财政科技投入稳步增长机制，提高创新资源有效配置率；全面推进高新区内企业科技创新体系建设，推行企业研发准备金制度，落实研发费用加计扣除、企业研发财政奖补等政策，引导企业持续加大研发投入，提升自主创新能力，让科技创新为高新区高质量发展提供强劲动力。

二是加大人才引育力度。支持高新区内骨干企业与省内高校开展产教融合工作，共同组建教育集团和人才培养联盟，共建共管二级学院和学科专业，实现定向定点就业、校企共赢；鼓励高新区建立健全人才政策，突破学历、年龄等条件限制，引进符合园区主特产业发展需要的人才。

三是加强创新孵化载体建设。加大对高新区孵化器、众创空间等创新孵化载体的建设支持力度，引导高新区全力打造一批特色鲜明的标杆型孵化载体，通过示范引领，加快实现省级以上科技企业孵化器、众创空间在高新区的全覆盖。鼓励高新区围绕主特产业、未来产业建设省级及以上专业化众创空间及孵化器，提高在孵企业的产业集聚度。

四是聚集高端创新资源。支持高新区积极引进国内外知名大学、科研机构、跨国公司等创新资源，联合设立新型研发机构、分支机构、研发中心。支持省级以上制造业创新中心、工业创新中心、工程研究中心、新型研发机构等创新平台与重大科技基础设施优先在高新区布局。

（二）加强企业培育，推动产业升级

一是建立健全创新型企业培育体系。高新区要建立健全微成长、小升高、高壮大的创新型企业梯度培育体系。支持高新区委托社会专业机构对高新区内企业进行筛选和培育，制订科技型中小企业、高新技术企业、创新型领军企业、瞪羚企业等相关创新型企业培育计划，挖掘一批、培育一批、储备一批量质并举的科技型中小企业、高新技术企业集群；鼓励高新区对新认定的创新型企业实施给予资金奖励、项目优先推荐等政策。

二是优化高新区主特产业布局。聚集高新技术产业，优化高新区主导产业布局，推进园区主导特色产业差异化协同发展，引导国家高新区按照

"两主一特"、省级高新区按照"一主一特"确定主特产业定位，集聚各类专项资金、科技创新平台、政府性基金项目等资源，予以优先支持；鼓励高新区做精做优特色产业，围绕产业链部署创新链，进行"强链、补链、延链"，推动高新区向特色产业鲜明、产业链条完善、品牌效应聚集方向发展。

三是加速培育未来产业。鼓励有条件的高新区围绕创新链布局产业链，瞄准战略新材料、新一代半导体、智能网联汽车、人工智能、生物育种等前沿科技进行未来产业前瞻布局，加速新技术、新成果转化运用，协同培育打造一批新的百亿级、千亿级产业。

（三）加大开放创新，强化对外交流

一是加强对外开放合作。鼓励高新区企业依托世界制造大会、中非经贸博览会，加强与共建"一带一路"国家的人才交流、技术交流和经贸合作。支持高新区企业参与国际标准和规则制定，开展海外并购与知识产权布局。支持高新区深度融入长江经济带，主动对接京津冀、长三角一体化、粤港澳大湾区等国家战略，建立跨区域长效合作机制，深化与北、上、广、深等地创新协同、成果对接、平台共建、资源共享。

二是推进海外高层次人才引进。鼓励高新区加快推进海外高层次人才创新创业基地、海外人才离岸创新创业基地等建设，面向全球引进一批科技顶尖人才与产业领军人才，对高新区引进的境外人才参照国家政策放宽签证与许可标准。

三是支持区域联动发展。支持高新区积极探索多种合作机制，开展跨区域结对帮扶与合作共建。鼓励长株潭地区高新区发展"飞地经济"，通过共同建设项目孵化、人才培养、市场拓展等服务平台和产业园区，加强对洞庭湖地区、湘南湘西地区高新区的帮扶带动。

（四）实施分类指导，优化动态管理

一是完善高新区分类评价指导。以科技部火炬中心对全国国家高新区的

综合评价结果为湖南省国家高新区的核心"指挥棒"，指导各国家高新区找创新短板、创新差距，在国家队中争先进位；以国家高新区高质量发展评价指标体系为指导，结合湖南省高新区绩效评价结果，选择符合条件、有优势、有特色的省级高新区加快"以升促建"，努力将其创建成为国家高新区。

二是健全高新区综合评价动态管理机制。尽快完成《湖南省省级高新技术产业开发区认定和管理办法》修订，出台《关于促进湖南省高新技术产业开发区高质量发展的实施意见》，健全高新区动态管理机制，完善优胜劣汰和奖惩机制。对排名靠前、进步明显的高新区予以通报表扬，并统筹各类资金、政策等加大支持力度；对退步明显、连续两年排名后三位的高新区，通过约谈所在地党委、政府、高新区主要负责人，提出警告，限期整改；对整改不力的予以撤销。

附表

表1　湖南省高新区创新能力绩效评价指标体系

一级指标	二级指标	赋权	类型
知识创造和技术创新能力30%	1.1 万人拥有本科（含）学历以上人数	1.0	定量
	1.2 企业万元销售收入中R&D经费支出	1.2	定量
	1.3 国家级和省级研发机构数	0.9	定量
	1.4 国家级和省级众创空间孵化器数	0.8	定量
	1.5 众创空间孵化器在孵企业数	1.0	定量
	1.6 企业万人当年新增发明专利授权数	1.1	定量
	1.7 管委会当年财政支出中对科技的投入额	1.1	定量
	1.8 人均技术合同交易额	0.9	定量
	1.9 万人当年新增的知识产权数（含注册商标）	1.0	定量
	1.10 园区管委会的体制机制创新和有效运作评价	1.0	定性
	1.11 园区发展符合国家和湖南省导向评价	1.0	定性

续表

一级指标	二级指标	赋权	类型
产业升级和 结构优化能力30%	2.1 高新技术产业主营业务收入占比	1.1	定量
	2.2 高新技术产业总产值增速	1.2	定量
	2.3 高新技术企业数	1.2	定量
	2.4 国家级和省级产业服务促进机构数	0.8	定量
	2.5 上市企业数量(含新三板)	0.8	定量
	2.6 园区科技金融发展状况评价	0.9	定性
	2.7 园区战略性新兴产业和创新型集群培育及发展状况评价	1.0	定性
开放性和 参与竞争能力20%	3.1 海外留学归国人员和外籍常住人员占从业人员的比重	1.0	定量
	3.2 企业出口额占园区营业收入的比重	1.0	定量
	3.3 年度出口额增速	0.9	定量
	3.4 万人当年新增国际专利授权数、国际标准数和注册商标数	1.1	定量
	3.5 内外资招商引资到位金额	0.8	定量
	3.6 园区实施人才战略与政策的绩效评价	1.1	定性
	3.7 园区宜居性和城市服务功能的完善程度评价	1.1	定性
可持续发展能力20%	4.1 从业人员数增长率	1.1	定量
	4.2 企业数量增长率	1.1	定量
	4.3 企业上缴税收总额增长率	1.0	定量
	4.4 企业当年新增投资总额	0.9	定量
	4.5 规模工业单位能耗降低达标率	1.0	定量
	4.6 园区土地节约集约利用指数	1.0	定量
	4.7 主要污染因子排放达标率	1.0	定量
	4.8 园区"政产学研资介用"合作互动与知识产权保护评价	0.9	定性
	4.9 园区参与评价工作所报数据的客观性、准确性和完整性评价	1.0	定性

表2 2020年湖南省高新区绩效评价一级指标排名结果

项目		综合评价		知识创造和技术创新能力		产业升级和结构优化能力		开放性和参与竞争能力		可持续发展能力	
		得分	排名	得分	排名	得分	排名	得分	排名	得分	排名
长株潭地区	长沙高新区	96.65	1	98.39	1	98.90	1	93.36	1	93.94	5
	株洲高新区	86.18	2	87.39	2	79.82	2	80.54	3	99.55	1
	宁乡高新区	80.86	3	78.15	4	79.05	3	71.81	12	96.69	2
	湘潭高新区	78.11	5	81.63	3	67.97	35	75.61	5	90.56	21
	岳麓高新区	76.13	9	77.43	5	73.64	16	60.98	38	93.06	9
	望城高新区	73.32	15	71.01	8	69.15	32	62.96	32	93.39	6
	浏阳高新区	72.60	17	69.14	10	67.70	36	64.52	28	93.19	7
	雨湖高新区	71.75	23	71.88	7	70.48	26	59.91	40	85.30	41
	攸县高新区	67.95	37	55.94	41	68.30	33	64.94	27	88.46	29
	韶山高新区	67.35	39	57.90	39	67.46	37	56.39	43	92.33	13
洞庭湖地区	益阳高新区	78.32	4	70.91	9	76.86	6	77.52	4	92.44	12
	常德高新区	76.71	8	72.14	6	72.67	20	71.85	11	94.50	4
	平江高新区	75.31	10	66.82	12	77.11	5	70.67	13	90.01	24
	岳阳临港高新区	73.54	12	64.52	16	70.25	28	72.44	9	93.08	8
	湘阴高新区	73.50	14	65.27	14	76.01	9	65.00	25	90.56	20
	澧县高新区	73.02	16	63.11	18	76.61	7	64.96	26	90.57	19
	津市高新区	72.00	22	59.91	32	74.19	14	65.92	23	92.91	10

续表

项目		综合评价		知识创造和技术创新能力		产业升级和结构优化能力		开放性和参与竞争能力		可持续发展能力	
		得分	排名	得分	排名	得分	排名	得分	排名	得分	排名
洞庭湖地区	岳阳高新区	71.09	27	62.56	21	69.69	31	66.66	19	90.42	22
	沅江高新区	70.93	28	65.89	13	69.92	30	61.99	34	88.94	26
	临澧高新区	70.12	32	60.54	28	72.69	19	63.13	31	87.61	32
	临湘高新区	69.58	34	58.60	37	76.01	10	59.50	41	86.51	36
	汨罗高新区	68.82	35	55.34	43	72.21	23	63.63	30	89.14	25
	汉寿高新区	66.89	41	59.00	36	64.62	41	61.77	35	87.25	33
	桃源高新区	65.04	42	58.55	38	55.43	43	61.41	36	92.83	11
	岳阳绿色化工高新区	64.94	43	55.80	42	64.24	42	57.46	42	87.21	35
湘南地区	衡阳高新区	77.51	6	64.55	15	74.80	13	87.73	2	90.79	17
	祁阳高新区	72.10	19	60.37	30	77.25	4	70.62	14	83.45	43
	江华高新区	72.02	21	60.27	31	75.94	11	70.28	16	85.49	40
	宁远高新区	71.44	24	61.51	25	70.23	29	74.61	7	84.97	42
	郴州高新区	71.31	25	62.45	22	68.02	34	69.69	17	91.17	15
	道县高新区	71.13	26	62.97	19	72.27	22	67.02	18	85.77	39
	桂阳高新区	70.61	30	59.80	34	71.26	25	66.33	20	90.12	23
	衡山高新区	67.87	38	61.03	26	65.92	40	60.46	39	88.46	28
	衡阳西渡高新区	67.34	40	57.18	40	67.05	38	64.20	29	86.13	37
大湘西地区	怀化高新区	76.99	7	69.10	11	76.31	8	70.37	15	96.46	3
	张家界高新区	73.91	11	64.10	17	72.65	21	72.43	10	91.99	14
	娄底高新区	73.53	13	62.25	23	73.78	15	72.51	8	91.09	16

续表

项目		综合评价		知识创造和技术创新能力		产业升级和结构优化能力		开放性和参与竞争能力		可持续发展能力	
		得分	排名	得分	排名	得分	排名	得分	排名	得分	排名
大湘西地区	隆回高新区	72.22	18	59.34	35	73.01	17	75.30	6	87.25	34
	湘西高新区	72.03	20	62.71	20	72.96	18	65.93	22	90.71	18
	泸溪高新区	70.72	29	60.57	27	75.37	12	61.07	37	88.61	27
	洪江高新区	70.38	31	60.40	29	71.92	24	65.27	24	88.17	31
	新化高新区	69.86	33	62.11	24	70.32	27	62.25	33	88.43	30
	双峰高新区	68.45	36	59.81	33	67.04	39	66.05	21	85.90	38

B.13
2020年湖南省科技企业孵化器、
众创空间绩效评价报告

毛明德　李滢　徐建改　陈上*

摘　要： 科技企业孵化器和众创空间是孵化高新技术企业、培育创新
创业人才、支撑大众创业万众创新高质量发展的重要载体。
本报告以湖南省科技企业孵化器与众创空间绩效评价指标体
系为依据，以2019年省级及以上科技企业孵化器、众创空间
为统计对象，对79家科技企业孵化器、184家众创空间进行了
评价，依评价结果划分为A、B、C、D等级。研究发现，湖
南省创业孵化载体机构规模不断扩大，运营效益不断提升，
孵化能力不断增强，特色载体示范引领作用不断显现，但也
存在区域发展不平衡、专业化发展有差距、科技金融服务整
体水平较低等问题。报告从加强统筹协调和服务指导、创新
运营管理机制、发挥示范性载体标杆引领作用、深化科技金
融服务、促进孵化资源互建等方面提出了对策和建议。

关键词： 科技企业孵化器　众创空间　绩效评价　湖南

---

* 毛明德，湖南省生产力促进中心副主任，主要研究方向为科技创新创业服务；李滢，湖南省
生产力促进中心生产力业务部部长，主要研究方向为科技创新创业服务；徐建改，湖南省生
产力促进中心生产力业务部科员，主要研究方向为科技创新创业服务；陈上，湖南省科学技
术厅成果与区域处一级主任科员，主要研究方向为科技创新。

为大力实施"三高四新"战略，聚焦持续增强经济发展新动能，推动创新创业高质量发展，奋力建设现代化新湖南，根据湖南省科技企业孵化器和众创空间管理办法有关要求，在省科技厅的委托和指导下，省生产力促进中心联合省科技企业孵化器协会，组织开展了 2020 年湖南省省级及以上科技企业孵化器和众创空间的绩效评价工作。

一　科技企业孵化器和众创空间建设发展成效

近年来，湖南省委、省政府高度重视孵化器、众创空间的建设和发展，通过强化政策引领，整合要素资源，完善服务体系，营造双创环境，持续激发全社会创新创业活力，孵化器、众创空间逐步迈入高质量发展阶段，已成为促进社会充分就业和增强经济发展新动能的重要组成部分。从此次绩效评价结果来看，湖南省孵化器和众创空间主要发展成效体现如下。

（一）机构规模不断扩大

2019 年，湖南省省级及以上创业孵化机构共有 263 家，同比增长 18.0%，实现了全省各市州的全覆盖，约 80% 的省级及以上高新技术产业园区建设了孵化器或众创空间。截至 2019 年底，全省共有省级及以上孵化器 79 家，其中国家级孵化器 24 家，占比为 30.4%。省级及以上众创空间 184 家，其中国家备案众创空间 60 家，占比为 32.6%（见表 1）。相比上一年度，非长株潭地区的众创空间占比上升约 6 个百分点，孵化载体总数占比上涨约 5 个百分点。全省孵化器孵化面积为 278.49 万平方米，在孵企业 5306 家，创业导师 1332 人；众创空间孵化总面积为 77.12 万平方米，提供工位数 37330 个，创业导师 4633 人，服务创业团队和初创企业 9905 家。

表1　湖南省各市州省级及以上孵化器、众创空间数量统计

单位：家

序号	地区	孵化器	国家级孵化器	众创空间	国家备案众创空间
1	长沙	31	14	81	32
2	株洲	6	3	19	7
3	湘潭	7	2	16	5
4	岳阳	6	3	8	2
5	郴州	4	0	6	4
6	常德	9	2	9	0
7	益阳	2	0	4	2
8	娄底	2	0	7	2
9	邵阳	2	0	4	1
10	怀化	2	0	7	1
11	衡阳	2	0	8	0
12	永州	2	0	6	1
13	张家界	2	0	6	2
14	湘西州	2	0	3	1
15	合计	79	24	184	60

资料来源：科技部火炬统计调查报表数据。

（二）运营效益不断提升

全省孵化器和众创空间通过调整产业结构和优化资源配置，注重发展新材料、电子信息、生物医药、人工智能等新兴产业，进一步优化收入结构，提升运行效益，基本形成了产业创新融合共享发展的格局。全年孵化器实现总收入7.09亿元，孵化器内在孵企业总收入达227.05亿元，累计毕业企业达到4074家。众创空间实现总收入3.95亿元，在孵企业和团队总收入超过百亿元，服务初创企业4794家。

（三）孵化能力不断增强

全省孵化器和众创空间积极搭建创新创业生态服务体系，为入驻团队和初创企业提供投融资、政策咨询、检验检测、成果转化等服务。全年各类孵

化器中 217 家在孵企业获得孵化基金投资，在孵企业获得风险投资额达 8.7 亿元；众创空间举办创新创业活动 4059 次，690 个团队及企业获得投融资。全省孵化器孵化能力进一步提高，逐步向市场化、专业化发展。

（四）特色载体示范引领作用不断显现

聚焦细分行业领域，以湖南三一众创孵化器有限公司为代表的龙头企业、以长沙中电软件园为代表的特色产业园区和以中南大学、湖南大学为代表的高等院校作为优势运营主体，围绕其主导产业和核心需求，培育了一批专业化众创空间和孵化器，并以此为基础培育了一批高新技术企业和科技型中小企业，促进特色产业链条闭环的形成。充分发挥长株潭地区产业集群优势，辐射带动边缘地区，引导部分地区采取飞地和托管模式，形成跨区域协调发展。

（五）优惠政策有效落实

全面贯彻落实科技部孵化器、众创空间的免税政策，降低双创载体运营成本，营造良好创业氛围。2019 年，享受税收优惠的孵化器有 20 家，众创空间有 18 家。孵化器和众创空间税收减免达 2184.24 万元。

二　存在的主要问题

（一）区域发展不平衡

目前，湖南省孵化器、众创空间和大学科技园整体数量偏少，孵化器、众创空间数量均低于全国平均水平和中部地区平均水平。从地理分布上，省级及以上孵化器、众创空间 60% 以上集中在长株潭片区，总量约 160 家；洞庭湖片区 38 家，约占全省的 14%；湘南片区 28 家，约占全省的 11%；大湘西片区 28 家，约占全省的 11%。国家级孵化器仅长沙、株洲、湘潭、岳阳、常德 5 个市州有布局；国家备案众创空间仍有衡阳、常德 2 个市州没有布局。专业化发展尚有差距。全省专业化孵化器、众创空间数量较少，主要集中在长沙和株洲，大部分地区尚未开展专业化双创载体建设，尚未形成支撑地方产业发展的双创载体集群。

（二）科技金融服务整体水平较低

融资渠道较为单一。目前湖南省孵化器、众创空间的投资大部分来源于银行贷款，以自有固定资产作抵押，融资规模有限，投融资服务能力较弱，无法满足在孵企业和创业团队成长的需要。投融资量能较小。一方面，自身孵化基金使用率较低，仅有 53 家众创空间对入驻的初创企业投资，40 家孵化器使用了孵化基金，当年获得孵化器孵化基金支持的企业占在孵企业总数比重不到 5%。另一方面，社会投资量较小，且大多数集中在国家级孵化器和国家备案众创空间内。孵化器当年获得投融资的在孵企业数有 289 家，约占总数的 5%；众创空间当年获得投融资的创业团队有 359 个，约占总数的 7%。

（三）科研创新能力需进一步提升

在孵企业知识产权产出、获得创投额、培育上市（挂牌）等孵化成效不明显，孵化服务水平有待进一步提升。2019 年，孵化器当年知识产权授权数 4615 个，在孵企业累计获得风险投资额 45.05 亿元，其中当年获得风险投资额 8.72 亿元，毕业企业累计上市（挂牌）数量 130 家，其中当年上市（挂牌）数量 9 家。众创空间创业团队和初创企业拥有有效知识产权 7780 个，当年获得投融资总额 15.82 亿元，当年上市（挂牌）仅 1 家。

（四）专业化孵化体系有待健全

专业化孵化载体成长较慢，产业布局和空间布局有待加强。目前湖南省仍存在专业化孵化载体建设体系不健全、数量较少、专业化服务能力弱、孵育企业成长性较慢等问题，尤其是园区围绕主导产业和特色产业入驻企业产业聚集度不够。

三　关于科技企业孵化器和众创空间未来发展的建议

（一）加快制定和落实双创优惠政策，发挥专业化孵化载体的示范引领作用

一是贯彻落实国家和省双创战略，修订完善湖南省孵化器、众创空间认定管理办法，通过强化功能定位、细化准入条件、明确支持措施等政策引导，持续改善双创环境，激发创新创造活力。主动协同税务、财政等部门，落实《关于科技企业孵化器、大学科技园和众创空间税收优惠政策》。二是指导各市州出台孵化平台建设、人才激励措施、科技成果转化等方面的工作措施（包括减免租金、引进优秀人才、降低资金运转成本和宣传推广优秀创业项目等），在全省多地区建设一批双创示范基地。三是统筹推进专业化孵化载体建设，鼓励各地围绕支柱产业、高新区主特产业，引进培育建设专业孵化器和众创空间，持续强化产业上下游链条。继续通过中央引导地方资金支持高新区完善服务体系，打造标杆型、示范性孵化载体。

（二）继续探索多元化孵化模式，形成可复制、可推广的发展经验

创新孵化形态。支持创投机构、民间组织、自然人等建立专业化、特色鲜明的创新工场、创客空间等新型孵化载体，探索建立"异地孵化""飞地孵化""虚拟孵化"等模式，同时为不同阶段、不同领域、不同类型的创业项目提供针对性和差异化服务。创新运营机制。推动孵化器经营由单纯依靠房租收入向房租收入、增值服务收入和投资收益三者并重的盈利模式转变，有效提升孵化器的盈利能力。支持"以服务转股份"的孵化模式发展，鼓励各专业服务机构、创业导师以提供服务获取股份的回报方式，形成互惠互利、合作共赢的模式。

（三）加强孵化载体自身建设能力，积极拓展业务范围

一是强化运营管理团队综合素质。聘请专业导师加强业务培训，培养一批懂政策、精业务的服务型人才，打造专业性运营服务团队。二是紧随时代发展潮流，转型蓝海行业。以创业项目为引导，积极参与市场调研工作，选择有前瞻性的行业，主动拓展业务范围。三是探索多元化科技金融服务能力。在提高自身孵化基金使用效率的同时，以股权置换、项目投资等多种方式引入社会资本，鼓励开展持股孵化，为创业团队和在孵企业提供风险投资，保障优秀创业项目拥有较为充裕的资本。

（四）发挥孵化器协会作用，实现资源共享和试点运营

一方面，积极搭建多功能科技服务平台。湖南省科技企业孵化器协会联合各地区科技主管部门、高新技术产业园区、高校科研院所和科技服务类企业等，积极推广以项目为引导，持续推进人才培育、技术孵化和投资孵化融合发展，组建集信息共享、科技成果转化、创新创业培训和人才跨境交流等方面于一体的多功能科技公共服务平台。另一方面，强化协会协调沟通的能力。组织各会员单位，分片区开展经验交流、业务指导和政策解读等方面培训，引导其结合自身情况，利用地区优势资源，探索新的运营管理模式，并在条件成熟的地区进行试点运营，形成资源共享。

（五）加强绩效评价工作，持续推进"以评促建""以升促建"

规范全省科技企业孵化器、众创空间年报制度，加强统计工作，以准确翔实的数据反映湖南省双创载体发展现状。进一步完善绩效评价、动态管理、优胜劣汰机制，对孵化绩效优秀的予以适当奖励，并优先推荐申创国家级载体，对连续两年不合格或者停止运营的，取消国家级和省级资格及相应的优惠政策。深入分析绩效评价指标数据，将绩效评价结果反馈至孵化器、众创空间，帮助查找问题，有效整改。联合湖南省科技企业孵化器协会开展区域交流活动，相互借鉴，取长补短。通过科技志愿者服务等活动，组织定

点帮扶，对欠发达地区孵化载体及在孵企业开展送资源、送服务的交流对接活动。

附表

表1　湖南省科技企业孵化器绩效评价指标

序号	评价指标	指标说明	指标权重
1	创业环境	评价期内孵化器每千平方米在孵企业数量	
2	管理人才队伍建设情况	孵化器专职工作人员大专以上学历人员数量占比	
		专业孵化服务人员与在孵企业数量的比例	
3	创业导师机制	签约的创业导师数量	
		评价期内创业导师平均对接企业数量	
4	创业配套资源	孵化器签约的中介服务机构数量	
		评价期内中介服务机构平均服务企业数量	
5	服务收入	评价期内孵化器综合服务收入和投资收入占孵化器总收入的比重	
		评价期内孵化器公共技术服务平台服务收入	
6	孵化企业情况	评价期内孵化器新增在孵企业数量占在孵企业总数的比重	70%
		评价期内孵化器新增毕业企业数量占在孵企业总数的比重	
		评价期内孵化器在孵企业中科技型中小企业和高新技术企业数量占在孵企业总数的比重	
		评价期内孵化器在孵企业研究与试验发展（R&D）经费支出占在孵企业总收入的比重	
		评价期内孵化器在孵企业知识产权申请和授权数量与在孵企业总数的比重	
7	投融资服务	孵化器孵化基金总额	
		评价期内获得孵化基金投资的在孵企业数量	
		评价期内孵化器内获得投融资的在孵企业数量	
		评价期内在孵企业获得各级财政支持项目的数量	
8	创新创业活动	评价期内在孵企业从业人员数量	
		评价期内孵化器举办与技术创新、产品创新、品牌创新、服务创新、商业模式创新、管理创新、组织创新、市场创新、渠道创新等方面相关的投资路演、宣传推介等活动场次	
		评价期内在孵企业参加省级及以上创新创业大赛和创新挑战赛获奖企业数量	
		评价期内孵化器组织对在孵企业人员进行辅导培训的次数	

序号	评价指标	指标说明	指标权重
9	年度运营情况评价	考察孵化器运营情况、管理规范等方面情况,孵化器收入结构,服务收入台账及服务记录台账	
10	对接技术和市场资源能力	孵化器与高校、科研院所、大企业等主体合作,在技术对接、成果转化、联合研发、人才培养、资金融通、品牌嫁接、资源共享等方面的合作情况	30%
11	技术服务提供能力	评价期内孵化器公共技术服务平台建设和开展技术服务情况	
12	年度孵化服务情况评价	考察孵化案例、孵化服务资源网络建设、创业导师行动计划、孵化器服务能力提升、服务质量等方面举措及成效	
13	孵化器特色和品牌建设评价	考察孵化服务模式、服务体系、服务手段、服务对象、运营模式及特色定制服务等情况,孵化器形象和品牌建设情况	
14	孵化器带动区域创新创业情况	孵化器主办或承办市级及以上创新创业赛事场次	
15	科技成果转化	评价期内为创业团队和初创企业提供检验检测、研发设计、小试中试、技术咨询等技术创新服务和推介科技成果、撮合成果对接并成功实现成果转化和技术转移的案例	加分项(不超过10分)
16	人才引进	评价期内在孵企业引进高层次人才数量(硕士以上学历或副高以上职称)	
17	孵化器对区域产业发展促进情况	孵化器在服务区域产业发展、促进区域产业集聚、打造产业创新生态方面开展的工作及取得的成效	

表2 湖南省众创空间绩效评价指标

序号	评价指标	指标说明	指标权重
1	创业环境	场地面积	
		提供公共服务软件数量	
2	开展活动情况	评价期内众创空间针对创业团队、初创企业和本地区创业者开展的与技术创新、产品创新、品牌创新、服务创新、商业模式创新、管理创新、组织创新、市场创新、渠道创新等方面相关的投资路演、宣传推介活动场次	70%
		评价期内众创空间开展的各类针对创业团队、初创企业和本地区创业者的创业教育和培训场次	
		评价期内创业团队和初创企业参加省级及以上创新创业大赛和创新挑战赛数量	

续表

序号	评价指标	指标说明	指标权重
3	创业导师培训	签约的创业导师数量	
		评价期内创业导师开展创业辅导服务创业团队和初创企业的数量	
4	创新服务情况	签约中介服务机构的数量	
		评价期内众创空间自身或整合其他资源提供技术支撑服务的创业团队和初创企业数量	
		评价期内众创空间创业团队和初创企业获得各级政府荣誉的数量	
		评价期内众创空间服务的创业团队注册成立为企业的数量	70%
5	提供投融资服务情况	评价期内众创空间创业团队和初创企业获得投融资的数量	
		众创空间设立或签约合作设立的种子资金或投资基金额度	
		评价期内创业团队和初创企业获得众创空间自身投资数量	
		评价期内众创空间创业团队和初创企业获得的各级财政资金支持数量	
6	可持续发展能力建设	创业团队和初创企业就业人员的数量	
		评价期内众创空间毕业企业(或具备毕业条件企业)的数量	
7	年度运营情况评价	本年度内众创空间基本运营情况;了解场地租赁情况、服务收入台账	
8	年度孵化服务情况评价	考察推荐入驻孵化器、加速器、高新区孵化案例,以专业化服务推动创业者应用新技术、开发新产品、开拓新市场、培育新业态等方面情况	30%
9	众创空间特色和品牌建设评价	考察众创空间激发创新创业活力、加速科技成果转移转化、培育经济发展新动能、以创业带动就业等方面情况	
		考察服务模式和服务体系、服务手段、服务对象、运营模式以及特色定制服务等,以及众创空间形象和品牌建设情况	
10	知识产权	评价期内众创空间创业团队和初创企业知识产权新申请和授权数量	
11	企业培育	评价期内获高新技术企业(含培育)认定和科技型中小企业备案的数量	加分项(不超过10分)
12	金融服务	评价期内获得投融资额度200万元以上的企业(项目)数量	
13	创新创业情况	评价期内众创空间主办或承办的市级及以上各类创新创业赛事场次	

表3　2019年湖南省国家级科技企业孵化器绩效评价结果

序号	市州	单位名称	等级
1	长沙	长沙中电软件园有限公司	A
2	长沙	湖南三一众创孵化器有限公司	B
3	长沙	长沙高新技术产业开发区创业服务中心	B
4	长沙	湖南豪丹科技园创业服务有限公司	B
5	长沙	长沙新技术创业服务中心	B
6	长沙	长沙软件园有限公司	B
7	长沙	湖南广发隆平高科技园创业服务有限公司	B
8	长沙	湖南知众创业服务有限公司	B
9	长沙	湖南麓谷科技孵化器有限公司	C
10	长沙	湖南长海科技创业服务有限公司	C
11	长沙	湖南岳麓山国家大学科技园创业服务中心	C
12	长沙	浏阳经济技术开发区产业化服务中心	C
13	长沙	长沙湘能科技企业孵化器有限公司	C
14	长沙	湖南妙盛企业孵化港有限公司	C
15	株洲	株洲高新技术产业开发区动力谷科技创新服务中心	A
16	株洲	株洲高科企业孵化器有限公司	B
17	株洲	湖南高科园创企业管理服务股份有限公司	C
18	湘潭	湘潭九华创新创业服务有限公司	A
19	湘潭	湘潭高新技术创业服务中心	B
20	岳阳	岳阳城陵矶临港产业新区科技创业服务中心	A
21	岳阳	湖南海凌科技企业孵化器有限公司	B
22	岳阳	岳阳火炬创业服务中心	C
23	常德	常德市科技企业孵化器有限公司	C
24	常德	常德经济技术开发区创业服务中心	C

表4　2019年湖南省省级科技企业孵化器绩效评价结果

序号	市州	单位名称	等级
1	长沙	长沙恩吉实业投资有限公司	A
2	长沙	湖南新长海科技产业发展有限公司	A
3	长沙	湖南大学科技园有限公司	A
4	长沙	长沙启迪科技孵化器有限公司	B
5	长沙	长沙广发隆平标准厂房开发有限公司	B
6	长沙	浏阳高新科创服务有限公司	B
7	长沙	湖南省曾氏企业有限公司	B

序号	市州	单位名称	等级
8	长沙	湖南麓谷国际医疗器械产业园有限公司	B
9	长沙	岳麓高新技术产业开发区管理委员会	B
10	长沙	湖南山河生物医学技术孵化中心	B
11	长沙	长沙金达创意文化产业发展有限公司	C
12	长沙	湖南西湖双创孵化基地有限公司	C
13	长沙	长沙高新开发区橡树园企业创业服务有限公司	C
14	长沙	湖南汇智科技孵化器有限公司	C
15	长沙	湖南金丹科技投资有限公司	C
16	长沙	宁乡经济技术开发区创业服务中心	C
17	长沙	湖南省大中专学校学生信息咨询与就业指导中心	C
18	株洲	湖南天易众创孵化器有限公司	B
19	株洲	株洲方元资产经营管理有限公司	C
20	株洲	株洲国投产业园发展有限公司	C
21	湘潭	湖南力合星空孵化器管理有限公司	A
22	湘潭	韶山市科技创业服务中心	A
23	湘潭	湘潭火炬园创业服务有限公司	B
24	湘潭	湘潭长云创业服务有限责任公司	B
25	湘潭	湖南正润创业服务股份有限公司	B
26	衡阳	衡阳市衡山科学城科技创新研究院有限公司	B
27	衡阳	耒阳市经济开发建设投资集团有限公司	D
28	邵阳	邵东智能制造技术研究院有限公司	A
29	邵阳	邵阳经济开发区中小企业服务中心	C
30	岳阳	湖南省同力循环经济发展有限公司	C
31	岳阳	平江工业园科技企业孵化有限公司	C
32	岳阳	湖南卓达置业有限公司	C
33	常德	湖南高强科技孵化有限公司	B
34	常德	汉寿县生产力促进中心	B
35	常德	常德泽园建设开发有限公司	B
36	常德	中商国能孵化器集团有限公司	B
37	常德	湖南采菱鸿业商业运营管理有限公司	C
38	常德	澧县澧州实业发展有限公司	C
39	常德	津市市生产力促进中心	C
40	张家界	慈利县工业园发达开发建设有限责任公司	B
41	张家界	张家界经济开发区创业中心有限责任公司	C
42	益阳	益阳东创投资建设有限责任公司	A

续表

序号	市州	单位名称	等级
43	益阳	益阳市创业园服务中心	C
44	郴州	郴州市元贞创业服务有限公司	A
45	郴州	湖南中林科技企业孵化有限公司	B
46	郴州	郴州市百通电子商务产业园有限公司	C
47	郴州	湖南东谷云商集团有限公司	C
48	永州	江华经济建设投资有限责任公司	B
49	永州	湖南祁阳经济开发区建设投资有限公司	B
50	怀化	怀化高新区科技企业孵化器基地管理有限公司	B
51	怀化	怀化经济开发区开发建设投资有限公司	B
52	娄底	涟源市金翅创业服务有限公司	C
53	娄底	湖南百华齐放科技有限公司	C
54	湘西州	湘西土家族苗族自治州创业创新指导服务中心	C
55	湘西州	吉首市就业服务中心	C

表5　2019年湖南省国家备案众创空间绩效评价结果

序号	市州	众创空间名称	运营单位名称	等级
1	长沙	麓谷创界众创空间	长沙高新技术产业开发区创业服务中心	A
2	长沙	百度（长沙）创新中心	湖南百创信息科技有限公司	A
3	长沙	中南大学学生创新创业指导中心	中南大学	A
4	长沙	三湘汇	湖南三一众创孵化器有限公司	A
5	长沙	启迪之星（长沙）	长沙启迪科技孵化器有限公司	A
6	长沙	智造创客学院	湖南机电职业技术学院	A
7	长沙	草莓V视众创空间	湖南智创视通企业管理运营有限公司	B
8	长沙	中电云创空间	长沙中电软件园有限公司	B
9	长沙	魅创	湖南知众创业服务有限公司	B
10	长沙	"智慧浏阳河"文化创意孵化中心	浏阳市文化产业园管理委员会	B
11	长沙	五矿有色众创空间	湖南有色中央研究院有限公司	B
12	长沙	新长海创客总部	湖南长海科技创业服务有限公司	B
13	长沙	菁芒众创空间	湖南卡拉赞信息科技有限公司	B
14	长沙	柳枝行动众创空间	长沙麓谷高新移动互联网创业投资有限公司	B
15	长沙	阿里云创客＋众创空间	湖南融港信息科技有限公司	B

续表

序号	市州	众创空间名称	运营单位名称	等级
16	长沙	"机会"创空间	长沙生产力促进中心	B
17	长沙	58众创空间	湖南省五八众创创业投资有限公司	B
18	长沙	企业广场·众创新城	湖南汇智科技孵化器有限公司	B
19	长沙	湖南工商大学众创空间	湖南工商大学	C
20	长沙	麓风创咖	长沙金创创业服务有限公司	C
21	长沙	睿空间	浏阳高新科创服务有限公司	C
22	长沙	湖南麓谷众创空间	湖南省曾氏企业有限公司	C
23	长沙	湘能智能电力创客空间	长沙湘能科技企业孵化器有限公司	C
24	长沙	长沙理工大学大学生创新创业园	长沙理工大学	C
25	长沙	优创星空间	湖南广发隆平高科技园创业服务有限公司	C
26	长沙	湖南影像创客空间	湖南弗彗影像文化传媒有限公司	C
27	长沙	麓客众创空间	湖南枫树创业服务孵化有限公司	C
28	长沙	梅溪湖九合众创	湖南九合创造商业管理有限公司	C
29	长沙	设计引擎	湖南省工业设计协会	C
30	长沙	浏阳经开区生物医药众创空间	浏阳经济技术开发区产业化服务中心	C
31	长沙	君定众创空间	君定文化传播有限公司	D
32	长沙	今朝会众创空间	湖南今朝会创业服务有限公司	D
33	株洲	智尚众创空间	株洲高科企业孵化器有限公司	A
34	株洲	湖南高科园创社区商业众创空间	湖南高科园创企业管理服务股份有限公司	B
35	株洲	天易悦创汇	湖南天易众创孵化器有限公司	C
36	株洲	湖南微软创新中心众创空间	湖南微软创新中心有限公司	C
37	株洲	新动力众创空间	株洲高科火炬创业服务有限公司	C
38	株洲	株洲市炎帝创客中心	株洲市生产力促进中心	C
39	株洲	株洲市声色艺术工厂	株洲声色艺术创业孵化有限责任公司	C
40	湘潭	湘潭"蜂巢"创客空间	湖南力合星空孵化器管理有限公司	B
41	湘潭	九华创客汇	湘潭九华创新创业服务有限公司	B
42	湘潭	零一·众创空间	湘潭长云创业服务有限责任公司	B
43	湘潭	创业微工场	湖南宏微创业咨询管理有限公司	B
44	湘潭	湘潭友邦众创空间	湘潭火炬园创业服务有限公司	C
45	邵阳	智邵创客汇	邵东智能制造技术研究院有限公司	B
46	岳阳	湖南江湖名城众创空间	湖南江湖名城众创空间管理有限公司	B

续表

序号	市州	众创空间名称	运营单位名称	等级
47	岳阳	忧乐创客空间	岳阳市忧乐创客空间网络有限公司	B
48	张家界	慈利县致远创客空间	张家界硒有慈礼产业开发有限公司	B
49	张家界	武陵创享	吉首大学	C
50	益阳	湖南工艺美术职业学院众创梦工场	湖南工艺美术职业学院	A
51	益阳	湖南城市学院众创空间	湖南城市学院	C
52	郴州	楼友会·湖南众创空间	郴州微巢商务服务有限公司	B
53	郴州	郴州经济开发区元贞众创空间	郴州市元贞创业服务有限公司	B
54	郴州	桂阳县4S+众创空间	桂阳创客小微企业服务有限公司	B
55	郴州	898众创空间	郴州市百通电子商务产业园有限公司	C
56	永州	湖南宁远创业孵化基地众创空间	宁远众创空间创业服务有限公司	A
57	怀化	怀化市创蚁众创空间	怀化市大学生创业服务中心	D
58	娄底	联邦众创空间	湖南联邦创客创业服务有限公司	C
59	娄底	娄底创客园众创空间	娄底创客管理有限公司	D
60	湘西州	武陵山片区湘西州众创空间	湘西土家族苗族自治州创业创新指导服务中心	C

注：此次评价将2020年4月科技部新认定的一批国家级众创空间（湖南省14家）纳入评价范围。

表6 2019年湖南省省级备案众创空间绩效评价结果

序号	市州	众创空间名称	运营单位名称	等级
1	长沙	湖南师范大学大学生创新创业孵化基地	湖南师范大学	A
2	长沙	银河创新中心	长沙银河众创科技信息有限公司	A
3	长沙	木本粮油众创空间	湖南省林业科学院	A
4	长沙	58小镇	湖南五八科创有限公司	A
5	长沙	蓝鹰众创空间	长沙航空职业技术学院	A
6	长沙	凌云志众创空间	湖南豪丹科技园创业服务有限公司	A
7	长沙	星车都专用汽车众创平台	湖南星车都产业园管理有限公司	A
8	长沙	湖南健康产业国际创新中心	大国传奇（湖南）健康产业投资有限公司	A
9	长沙	八戒湖南文创O2O众创空间	湖南西湖双创孵化基地有限公司	A

序号	市州	众创空间名称	运营单位名称	等级
10	长沙	"创谷众创空间"孵化平台	长沙广告产业园管理委员会	B
11	长沙	雪峰社交电商孵化平台	长沙云珏网络科技有限公司	B
12	长沙	湖大科技工场	湖南大学科技园有限公司	B
13	长沙	阿里巴巴创新中心长沙高新基地	湖南维迪亚科技有限公司	B
14	长沙	长沙中电软件园云孵化平台	长沙中青云图企业管理有限公司	B
15	长沙	矿冶园创新中心	湖南中矿智园信息科技有限责任公司	B
16	长沙	创客周末	湖南职予者文化传播有限公司	B
17	长沙	书院九号众创空间	湖南书乡文创工业设计有限公司	B
18	长沙	长沙集成电路设计产业化基地	长沙经济技术开发区投资控股有限公司	B
19	长沙	湖南财政经济学院众创空间	湖南财政经济学院	B
20	长沙	弘德视媒体创智空间	湖南弘德视媒体创业服务有限公司	B
21	长沙	易·创大学生众创空间	湖南嘉德投资置业有限公司	B
22	长沙	红辣椒众创空间	湖南省红辣椒旅游科技发展股份有限公司	B
23	长沙	2025智造工场	长沙智能制造研究总院有限公司	B
24	长沙	飞马旅&德思勤长沙创业基地	长沙飞旅德投企业管理有限公司	B
25	长沙	马栏山视频文创产业园创智园	湖南马栏山商业管理有限公司	B
26	长沙	大汉金桥创客大学	湖南百家汇投资有限公司	B
27	长沙	国家超级计算长沙中心众创空间	湖南大学	B
28	长沙	D1设计工场	湖南南庭投资有限公司	B
29	长沙	宝成众创空间	湖南宝成电商科技有限公司	B
30	长沙	新大众创	湖南恒诚伟业众创孵化器有限公司	B
31	长沙	新世界夸克仓库原创设计创客空间	长沙拼图商业管理有限公司	C
32	长沙	湘丰智能装备众创空间	长沙湘丰智能装备股份有限公司	C
33	长沙	菜园财信众创空间	湖南财政经济学院	C
34	长沙	中南林业科技大学大学生创业中心	中南林业科技大学	C

序号	市州	众创空间名称	运营单位名称	等级
35	长沙	国科开福创新创业基地	国科高精科技集团有限公司	C
36	长沙	斗腐倌众创空间	湖南斗腐倌品牌运营管理有限公司	C
37	长沙	麓山创新工坊	长沙智能机器人研究院有限公司	C
38	长沙	芒果视频文创园	湖南芒果视界传媒有限公司	C
39	长沙	西班国际跨境电子商务大学生创业孵化空间	湖南西班优生活电子商务有限公司	C
40	长沙	融点空间	湖南融点空间平台服务有限公司	C
41	长沙	湖南省残疾人创业孵化基地	湖南省残疾人劳动就业服务中心	C
42	长沙	集拓众创	湖南集拓科技股份有限公司	C
43	长沙	远大P8（嘣啪）星球众创空间	长沙嘣啪星球文化传媒有限公司	C
44	长沙	宁乡经开区蓝月谷众创空间	宁乡经济技术开发区创业服务中心	C
45	长沙	浏阳国际智能家居众创空间	湖南万士吉商业运营有限公司	D
46	长沙	湘江新区科创服务中心	长沙岳麓山国家大学科技城建设投资有限公司	D
47	长沙	湖南云箭军民融合智创空间	湖南云箭科技有限公司	D
48	长沙	中能众创空间	湖南华孝文化传播有限公司	D
49	长沙	腾讯众创空间（长沙）	长沙腾创空间信息科技有限公司	D
50	株洲	湖南工业大学包装专业众创空间	湖南工业大学	B
51	株洲	湖南铁路科技职业技术学院大学生创新创业中心	湖南铁路科技职业技术学院	B
52	株洲	宏达创客空间	株洲宏达电子股份有限公司	B
53	株洲	湖南省"1915"醴陵国际陶瓷文化众创空间	醴陵市一九一五陶瓷文化发展有限公司	B
54	株洲	零创空间创客基地	株洲零创空间创业孵化有限公司	B
55	株洲	株洲汽车博览园众创空间	株洲高科汽车园投资发展有限公司	C
56	株洲	株洲高新区天台金谷创业苗圃	株洲高新技术产业开发区创业服务中心	C

序号	市州	众创空间名称	运营单位名称	等级
57	株洲	株洲市互联网创客空间	株洲市互联网协会	C
58	株洲	株洲创业广场	株洲市中小微企业成长服务有限公司	C
59	株洲	炎陵县创业园众创空间	炎陵县中小企业创业园开发有限公司	C
60	株洲	醴陵电商产业园	醴陵经天纬地网络科技有限责任公司	D
61	株洲	瓷城众创空间	醴陵市陶瓷烟花职业技术学校	D
62	湘潭	京东云（湘潭）创新中心	湘潭侠客岛企业管理合伙企业（有限公司）	A
63	湘潭	湖南昭山"绿心文创谷"	湘潭文伊云文化发展有限公司	A
64	湘潭	微科众创空间	湖南科技大学	A
65	湘潭	天易众创空间	湘潭知易创业服务有限公司	B
66	湘潭	韶山市科技创业服务中心	韶山市科技创业服务中心	B
67	湘潭	湖南昭山国际创意港	湖南晴岚创业服务有限公司	B
68	湘潭	智慧电气众创空间	湖南电气职业技术学院	B
69	湘潭	正润众创空间	湖南正润创业服务股份有限公司	B
70	湘潭	数创空间	数造科技（湖南）有限公司	C
71	湘潭	先锋星火众创空间	湘潭鹏博电子商务管理咨询有限公司	C
72	湘潭	湘云飞众创空间	湘潭云飞电子商务有限公司	D
73	衡阳	启迪之星（衡阳）	衡阳高新技术产业开发区创业服务中心	A
74	衡阳	湖南高速铁路职业技术学院众创空间	湖南高速铁路职业技术学院	A
75	衡阳	南华大学众创空间	南华大学	B
76	衡阳	易创空间	衡阳伊电园文化发展有限公司	B
77	衡阳	衡阳中关村金种子创业谷	衡阳市生产力促进中心	B
78	衡阳	晖跃众创空间	湖南乔创信息科技有限公司	B
79	衡阳	新丰创新工场	湖南新丰果业有限公司	C
80	衡阳	衡阳县电商创业创新孵化基地	湖南世纪博思科贸有限责任公司	C
81	邵阳	智丰众创空间	邵阳市创业指导服务中心	A
82	邵阳	创业园众创空间	绥宁县振绥中小微企业服务有限公司	B
83	邵阳	蜂巢创客	邵阳经济开发区中小企业服务中心	C
84	岳阳	湖南城陵矶新港区双创基地	湖南城陵矶新港区科技创业服务中心	B

序号	市州	众创空间名称	运营单位名称	等级
85	岳阳	岳阳市拾火众创空间	湖南拾火众创空间管理股份有限公司	B
86	岳阳	临湘市创客空间	临湘市生产力促进中心	C
87	岳阳	金凤凰（新型）建材家居众创空间	湖南金凤凰建材家居集成科技有限公司	C
88	岳阳	新梦想众创空间	湖南省金钥匙创业服务有限公司	C
89	岳阳	湖南省池海浮标众创空间	湖南省池海浮标钓具有限公司	C
90	常德	湖南文理学院众创中心	湖南文理学院	A
91	常德	石门汇智创客空间	常德物德电子商务有限公司	B
92	常德	德创工坊	湖南省毅晨科技企业孵化器运营有限公司	B
93	常德	湖南幼专众创空间	湖南幼儿师范高等专科学校	B
94	常德	"创＋汇"创客空间	常德市科技企业孵化器有限公司	C
95	常德	常德市"国邮港"跨境电商众创空间	湖南万众创新企业管理有限公司	C
96	常德	澧州实业众创空间	澧县澧州实业发展有限公司	C
97	常德	常德市电商产业园众创空间	湖南上德电商管理有限公司	C
98	常德	津市市湘村电商众创空间	津市市湘村电子商务有限公司	C
99	张家界	张家界飞帆众创空间	张家界青春创业空间服务有限责任公司	A
100	张家界	慈利青年创业中心	张家界汇青创业空间服务有限责任公司	B
101	张家界	武陵源汇智众创空间	张家界乡水洞天生态农业科技有限公司	C
102	张家界	桑植县新时代众创空间	桑植县市场服务中心	D
103	益阳	中南众创空间	湖南聚势产业园管理有限公司	B
104	益阳	众创安化	安化广聚供销电子商务有限公司	B
105	郴州	郴创空间	湖南郴创创业服务有限公司	B
106	郴州	资兴市东江湾创客工场	郴州东江湾电子商务股份有限公司	C
107	永州	创客工场	湖南科技学院	A
108	永州	神州瑶都江华众创空间	江华瑶族自治县金牛开发建设有限公司	A
109	永州	三吾同创	湖南祁阳经济开发区建设投资有限公司	B
110	永州	海天创翼众创空间	湖南海天广告传媒有限公司	C
111	永州	互联网＋果秀众创空间	湖南果秀食品有限公司	D
112	怀化	靖州创业园众创空间	靖州县创新企业管理咨询服务有限公司	B
113	怀化	怀化武陵山大学生创客社区众创空间	怀化经济开发区舞水国有资产经营管理有限责任公司	C

序号	市州	众创空间名称	运营单位名称	等级
114	怀化	老蔡志诚众创	新晃老蔡食品有限责任公司	C
115	怀化	四通创客汇众创空间	湖南四通食品科技有限责任公司	C
116	怀化	怀职众创空间	怀化职业技术学院	C
117	怀化	蜂巢·微窗众创空间	怀化市现代武陵山电子商务园管理有限公司	D
118	娄底	娄底高新区金翅众创空间	涟源市金翅创业服务有限公司	B
119	娄底	云创谷·众创空间	娄底创青春创业服务有限公司	B
120	娄底	湖南人文科技学院"农创空间"	湖南人文科技学院	C
121	娄底	娄底市中小企业众创空间孵化基地	娄底市永祥中小企业服务有限公司	C
122	娄底	聚能众创空间	湖南省金峰机械科技有限公司	C
123	湘西州	湘西电子商务创新创业众创服务空间	湘西经济开发区创新创业服务中心	B
124	湘西州	泸溪高新区众创空间	泸溪高新区企业孵化服务中心有限公司	D

案 例 篇

Case Section

B.14

抬高坐标，强化担当，打造具有
核心竞争力的科技创新高地

长沙市科学技术局

摘　要：　习近平总书记考察湖南以来，长沙科技工作以习近平总书记
考察湖南重要讲话精神为根本遵循，以打造具有核心竞争力
的科技创新高地为目标牵引，全面落实湖南省委、省政府决
策要求，全力推进市委、市政府工作部署，以争创国家区域
科技创新中心、推进国家创新型城市建设、推动科技成果高
效转化和激发创新主体活力等为主要工作方向，进一步放大
格局、进一步抬高坐标、进一步创新实干，加快具有核心竞
争力的科技创新高地建设。

关键词：　科技创新　区域科技创新中心　创新城市　长沙

140

2021 年是落实习近平总书记考察湖南重要讲话精神、实施"三高四新"战略的深化之年，是建党一百周年、"十四五"开局之年。长沙发展面临历史机遇、迎来重大契机。习近平总书记考察湖南，提出"三个高地"、"四新"使命、五项重点任务，为湖南锚定新的坐标、明确新的定位、赋予新的使命。国家"十四五"规划和2035 年远景目标纲要明确提出，开创中部地区崛起新局面，推动长江中游城市群协同发展，加快武汉、长株潭都市圈建设，打造全国重要增长极。长株潭被赋予重大使命，堪称迎来"黄金机遇"。湖南省委、省政府对长沙寄予厚望，赋予长株潭"一核"定位，一系列重大利好正全面赋能长沙未来发展。结合中央和省委、省政府部署，立足科技创新实际，长沙以争创国家区域科技创新中心、推进国家创新型城市建设、推动科技成果高效转化和激发创新主体活力等为主要工作方向，进一步放大格局、进一步抬高坐标、进一步创新实干，加快具有核心竞争力的科技创新高地建设。

一　以载体平台为依托，争创国家区域科技创新中心

（一）以长株潭国家自主创新示范区为核心推进长株潭科技创新一体化发展

完成了长沙自创区片区的扩区工作，出台了《长沙市建设国家自主创新示范区三年行动计划（2021－2023 年）》，推动成立长沙市自创区建设推进委员会，推进自创区成果展示馆建设。召开了长、株、潭三市科技融合会议，成立联合办公机构推进三市科技合作并共同申创国家区域科技创新中心，推动长、株、潭三市相关企业联合壮大湖南省智能电力设备产业技术创新战略联盟。探索以湘江新区为重大载体建设"湘江科创走廊"，进一步优化要素流通、加速资源集聚，助推长株潭科技创新融城发展。

（二）加速推进"两山两中心"建设

岳麓山国家大学科技城获批国家科技成果转化和技术转移示范基地，粤港澳科创产业园启动运营，香港城市大学（长沙）创新科技中心揭牌成立。依托科教资源推进工程机械等领域核心技术攻关，出台支持高校、科研院所科技成果就地转化等政策措施，科创企业总数突破 4400 家。马栏山视频文创产业园大力实施"文化＋科技"战略，深化大数据与人工智能、5G 通信与超高清、区块链等核心技术应用，在 5G 超高新视频多场景应用领域积极申报国家重点实验室，出台创新创业人才专项政策，建立产业基金，累计新注册企业超 1600 家。支持岳麓山种业创新中心培育建设国家实验室，全国脱贫攻坚大会期间，许达哲书记（时任）、毛伟明省长向刘鹤副总理做专题汇报，其中明确提出要将岳麓山种业创新中心培育打造成为国家实验室。目前正有效推进实体化运作，启动建设专业研究中心，布局实施重点研究任务，开展创新主题活动等相关工作。推进岳麓山工业创新中心建设，筹划在新材料、工程机械两个领域建设分中心，计划实施 MPCVD 金刚石合成设备及制品、G8.6 玻璃基板产业化技术、新材料研发与成果转化服务平台等项目；支持组建岳麓山（工业）创新中心协调机构。

（三）加快建设国家新一代人工智能创新发展试验区

2021 年 3 月，科技部已批复同意长沙建设国家新一代人工智能创新发展试验区。下一步将出台相关建设规划、计划等，构建自主可控昇腾人工智能创新中心，推动建设一批新一代人工智能开放创新平台，使之在智能装备、智慧工厂、智能网联汽车等方向示范引领长株潭、辐射全省，成为全国标杆示范。

（四）支持科技创新平台建设

支持在 5G、自主可控等领域创建国家重点实验室；支持大飞机地面动力学试验平台纳入国家大科学装置建设布局；推动在稀有金属矿产、先进运载装备和材料以及种业等领域申创国家技术创新中心。目前，科技部已批复同意建设国家耐盐碱水稻技术创新中心，战略性稀有金属矿产资源高效开发与精深加工国家技术创新中心建设方案已由省政府和中国五矿集团报送科技部并列入科技部支持事项。

（五）布局新型研发机构

完善湖南大学·长沙新一代半导体创新研究院、吉林大学·长沙智慧新能源汽车创新研究院、湖南农业大学·长沙现代食品创新研究院的合作协议，报请市政府行文批复组建长沙创新药物工业技术研究院；推动在人工智能、特种工程装备领域启动新型研发机构建设工作。截至 2020 年底，已布局或在建 8 家新型研发机构，总投资额达约 20 亿元，其中市科技发展专项资金支持 8000 万元。

二 以创新指标为核心，推进国家创新型城市建设

（一）健全创新型城市建设机制

推动召开全市国家创新型城市建设工作协调会，出台《关于印发全力推进长沙市国家创新型城市建设工作实施方案的通知》，成立长沙市国家创新型城市建设领导小组，建立指标数据报送调度机制。推动将创新型城市相关评价指标纳入市绩效考核指标体系。积极对接科技部、中信所、省科技厅、省信息所等单位，摸清创新型城市各项创新能力评价指标现状。

（二）力争各项主要创新指标增长

预计 2021 年全社会研发投入占比达 2.9%，较上一年增加 0.1 个百分点；高新技术企业达到 4600 家，增长 11%；高新技术产业总产值增速 9.5%；实现技术合同成交额 400 亿元以上，增长 18.8%。截至 2020 年底，高企培育方面，已培育高企重点企业 1105 家，同比增长 48%；已完成科技

型中小企业入库登记的企业达到 1196 家,同比增长近 4 倍;技术合同方面,截至 2021 年 3 月 23 日,长沙市完成技术合同登记 815 份,合同成交额达 22.73 亿元;全社会研发投入方面,2020 年长沙全社会研发（R&D）经费投入 357 亿元,强度（研发经费投入占 GDP 总量比重）为 2.94%。

三 以市校合作为重点,实现科技成果高效转化

(一) 引进标志性创新资源

引入北京大学高端资源,湖南省委常委、长沙市委书记吴桂英会见北京大学党委书记邱水平一行并见证双方签署合作意向书,在"揭榜挂帅"关键核心技术攻关、共建新型研发机构、打造科技成果转化平台、助推产业高质量发展等 8 个方面,开展全方位合作。长沙市领导带队赴中科院深圳先进技术研究院、深圳清华大学研究院考察,就引进科创资源,打造标志性平台进行了深入沟通。与香港城市大学（深圳研究院）、香港科技大学、大科城管委会多次召开线上线下会议,进一步完善了粤港澳科创产业园规划,明确了 2021 年的工作目标和重点。与中关村发展集团初步对接,就相关背景进行了解。

(二) 深化长沙与驻地高校合作

走访了国防科技大学、中南大学、湖南大学等所有驻长高校,支持高校科技成果就地转化,结合长沙重点产业链开展产学研合作。支持建设大学科技成果转化基地,截至 2021 年 6 月建成 7 所市内技术转移转化基地。积极推动长沙市人民政府与中南大学、湖南大学、湖南师范大学签订实施"三高四新"战略框架合作协议,推动国防科技大学研发报统相关工作。

(三) 提升科技成果转化能力

积极发展科技中介服务机构和技术交易服务机构,加大培育技术经纪

（经理）人，2021 年拟培育 300 名经纪（经理）人；努力推动新增 1 家省级技术合同登记点，持续开展小型化、专业化科技成果转化对接活动，组建潇湘科技要素大市场分市场和工作站，大力培育科技成果及知识产权评估服务机构。积极支持科技成果转化承接平台、中试基地建设，提升园区、企业等主体成果转化承载能力。配合做好国家部署的职务科技成果赋权改革试点工作。

四　以体制改革为动力，激发各类创新主体活力

（一）"揭榜挂帅"实施重大科技攻关项目

在工程机械、新材料、种源等领域"揭榜挂帅"实施重大科技攻关项目，率先攻克分布式智能液压阀控系统、智能网联汽车线控集成制动系统、手术机器人及其操作系统等一批"卡脖子"技术。截至 2021 年 6 月已汇总整理"揭榜挂帅"项目需求 43 项；形成《长沙市"揭榜挂帅"重大科技项目管理办法（试行）》（征求意见稿），2021 年将实施 10 项"揭榜挂帅"重大科技攻关项目。将省十大技术攻关项目中的在长项目列入长沙市"五个十大"项目，根据《中共长沙市委办公厅长沙市人民政府关于印发〈长沙市推进"五个十大"项目实施方案〉的通知》（长办〔2021〕3 号）相关要求推进。配合省科技厅对省十大技术攻关项目相关承担单位开展调度，对项目进行了子项分解，并形成项目实施方案上报；制定《长沙市科学技术局关于推进 2021 年长沙市"五个十大"项目建设工作方案》，明确工作机制和相关要求。

（二）着力提升企业创新能力

培育以科技型中小企业、高新技术企业、创新型领军企业为主线的科技型企业梯队。制定针对性的支持政策扶持不同阶段科技型企业，最大限度激发企业创新活力。推动高新技术企业"量质双升"，已下高企奖补申报通知

对 2020 年认定的第一批高新技术企业进行奖补，预计奖补资金超亿元，开展"升高"培训和科技型中小企业入库评价工作。大力支持规模以上工业高新技术企业建设研发平台，提高规模以上工业企业中有研发活动的企业占比。支持以企业为主体组建创新联合体承担关键核心技术攻关。

（三）深化科技金融结合

推进成立市科技成果转化基金，并推动出台相关方案或办法，筹划由市和区县（市）、园区等共同出资设立若干子基金。长沙市相关园区申请省科技厅"知识价值融资贷款"试点，拟与银行签订合作协议，启动知识价值融资贷款工作。与相关银行对接，进一步发挥现有高新技术企业信贷风险补偿资金池作用，为高新技术企业做好融资服务。继续开展科技保险工作，重点推介高新技术企业研发类险种。

（四）健全科技人才引育体系

重点发挥院士等顶尖人才支撑作用，推动院士领衔开展科技成果转化工作；培育科技创新创业领军团队（人才），柔性引进国内外创新团队（人才）开展科技项目合作，大力培育青年科技人才。继续选派工业、农业特派员。

（五）推进科技体制改革

出台《长沙市全力打造具有核心竞争力的科技创新高地 2021 年工作实施方案》，下一步拟出台"打造具有核心竞争力的科技创新高地推动长沙建设国家区域科技创新中心三年行动计划（2021－2023 年）"。完善全市科技工作领导体制，探索成立长沙科技创新委员会。局内专设打造具有核心竞争力的科技创新高地领导小组，下设办公室并抽调 5 名专门人员负责创新高地建设工作。探索市与区县（市）、园区在高企培育、关键技术攻关以及新型研究机构等领域联合创新机制。

B.15
为文化腾飞插上"科技翅膀"

——马栏山视频文创产业园科文融合创新发展的探索与实践

邹犇淼*

摘　要：　马栏山视频文创产业园作为湖南省实施"创新驱动开放崛起"的重要试验田，践行"三高四新"战略的主阵地，三年时间，以"马栏山速度"奋力奔跑、实干前行，积极投身文化科技深度融合创新发展的探索与实践中。本报告从马栏山视频文创产业园坚持文化科技融合的探索实践出发，围绕习近平总书记考察湖南重要讲话精神和湖南省委、省政府实施"三高四新"战略各项决策部署，结合园区重要产业、重点企业和行业领域，分别从把握正确导向、精准招商引资、深化产业培育、优化营商环境等四个方面，归纳总结了园区实现创新驱动高质量发展的经验。

关键词：　文化产业　文化＋科技　湖南

马栏山视频文创产业园于2017年12月成立，面积15.75平方公里，位于长沙市"东大门"，是全国唯一的国家级广播电视产业园区，获评国家级文化和科技融合示范基地、全国版权示范园区，入选国家级文化产业示范园区创建名单。2020年9月17日，习近平总书记考察园区并作重要讲话，表

---

* 邹犇淼，马栏山视频文创产业园党工委书记，长沙市开福区委副书记、区委党校校长。

示"湖南文创很有特色",并肯定了马栏山"文化和科技融合"的模式。园区以习近平总书记重要讲话精神为遵循,坚持"党建引领,守正创新",深耕"文化＋科技",努力打造"先进内容创新制造高地""文创科技研发应用高地""文化产业改革发展高地"。2020年园区企业实现营业收入431.98亿元,三年增幅近30%;完成固定资产投资152.51亿元,三年增幅超过113%;实现税收25.1亿元,三年增幅近30%。

一 坚持守正创新树导向

习近平总书记指出,文化产业既有市场属性,又有意识形态属性,但意识形态属性是本质属性。园区紧紧围绕"举旗帜、聚民心、育新人、兴文化、展形象"的使命任务,把握正确导向,坚持守正创新,担当好坚定文化自信的时代重任。

(一)创新体制机制

坚持把党对园区的领导作为园区党建首要任务,成立园中园党委和互联网(新媒体)行业党委,构建形成上下联动、协同配合的"1＋N"园区党建工作运行机制,推动园区党建工作制度化常态化。通过选优配强园区企业党组织书记、选派党建指导员、补助党建工作经费、推进党支部"五化"建设等措施,用服务助推企业发展、帮助党员成长,使党的领导和企业发展相得益彰、相互促进。

(二)健全覆盖体系

通过拉网摸排掌实情、数据归类建台账、因地制宜抓组建等有效措施,扎实推进"两新"领域党的组织和工作"双覆盖",夯实了党在新经济新业态领域的执政基础。严把党员发展"入口关",举办入党积极分子培训班,增强了广大青年积极向党组织靠拢的行动自觉,不断提升"两新"组织组织力。

（三）建强党员队伍

发挥园区 5100 余名党员骨干在企业中的先锋模范作用，推动文化产品与新技术、新业态、新媒体有机融合，努力实现社会效益和经济效益有机统一。引领视频文创企业走出园区，走进宁乡市大田方村、郴州市沙洲村、龙山县惹巴拉村的田间地头，通过短视频平台为当地农特产品代言，通过公益"村播"帮助农户拓宽销售渠道、增加收入，发动起助力乡村振兴的"红色引擎"。

二 注重强链延链抓招引

坚持以项目论英雄、凭招商比能力、从落地看作风，不断刷新招商引资"考卷"的成绩。

（一）聚焦重点招商

重点针对视听技术头部企业、重点科研机构、研发平台型企业等精准发力。目前园区已聚集芒果超媒、电广传媒、中南传媒、中广天择等 4 家主板上市公司，吸引了 1838 家企业注册落户，爱奇艺、腾讯、字节跳动等头部企业抢滩布局，一批国家级重点实验室、工程实验室和科研机构相继入驻，在 5G、超高清、人工智能、区块链等前沿应用领域不断推出创新成果。

（二）巧用节会招商

依托"中国新媒体大会""深圳文博会""广州文交会""港洽周"等节会活动，持续开展马栏山专场推介专场招商活动，增强招商的目的性、主动性、实效性。积极策划业内认可、形式创新的品牌节会，进一步增强马栏山品牌号召力。2020 年，利用节会新签约重点项目 31 个，总投资额达 101.2 亿元。2021 年 4 月，利用"岳麓峰会"平台签约中科睿芯、哇唧唧哇文化传媒等 5 个项目，签约投资总金额达 16 亿元。

（三）服务企业发展

始终坚持需求导向和问题导向，鼓励园区企业加大科技创新投入，从效率提升和技术创新两方面寻找新的增长动力。把人才作为科技兴园的第一要素，以重点实验室、科研企业为载体加快人才集聚，实施青年人才计划，出台引进创新创业人才专项政策。投入 2.2 亿元建设超高清视频共享制作云平台，为园区企业提供云存储、云采编、云渲染、云播控等标准化云产品服务，打造"拎包入住"的"云空间"。

三　深化产业培育促升级

以场景建设为牵引，着力培育数字文创经济新产业、新业态和新模式，促进"产业"向"产融"升级。

（一）推动特色发展

紧抓"新基建"机遇，完成马栏山广电 5G 试验网基础覆盖网和功能核心网建设，完成全省首次 5G 远程手术，并推进"马栏山远程医疗系统"与湘雅附一、附二医院开展数字骨科、5G 手术机器人等临床应用探索。成立5G 高新视频国家广电总局实验室，研发 5G + 4K 背包，形成数字医疗系统基础框架和产品体系。推动互联网、广电网、电信网、电网四网融合在园区落地，建设"四网"融合试验区。

（二）放大品牌效应

与国内外著名企业开展品牌共建，推动马栏山新媒体学院与央视网签约，就媒体学院建设开展技术创新研发、应用场景开发、专业人才培养等多方面合作。2019 年、2020 年连续两年举办中国新媒体大会、马栏山版权保护与创新论坛，并在会上发布"马栏山指数"和《马栏山版权宣言》。积极支持举办国际音视频算法优化大赛、1024 程序员节、芒果马栏山音乐节等大型赛事活动，加大对马栏山的宣传推广力度，进一步提升"马栏山"品牌影响力。

（三）厚植产业生态

牢牢抓住"科技为先""创新驱动"的浪潮和机遇，以更加丰富的应用场景推动科技与文化产业深度融合，使马栏山成为文化与科技融合发展创新策源地。红色文化数字呈现工程启动，完成1964年版电影《雷锋》高格式全景声彩色修复。5G智慧电台签约301家广播电台频率，打造覆盖全国县域的智慧电台集群。"先进制造业5G云VR公共服务平台"加快在工程机械行业的全链路典型应用。AI手语项目可望为2022年冬奥会、冬残奥会提供手语翻译直播。

四 优化营商环境强保障

坚持"便捷化、市场化、法治化"原则，以企业需求为导向，打造一流营商环境，确保企业"引得来、留得住、发展好"。

（一）优化政务环境

坚持"园区外的事包办、园区里的事帮办"，全面推行"互联网＋政务服务"，优化政务服务事项及线上服务渠道，将48项省级文化审批全部纳入代办事项，实现园区的事园区办，"最多跑一次、一次就办好"。对建设项目主动开展一对一合规指导，让企业办事更省心。以企业需求为导向，优化企业沟通服务体系，摸准企业发展的痛点、堵点和难点问题，形成问题清单并逐项销号。

（二）加大政策扶持

落实"四奖两补三支持"政策（企业贡献奖、企业发展奖、平台服务奖、人才引进奖，运营、信贷补贴，资金保障、土地供应、创新发展支

持），出台《马栏山视频文创产业园支持总部经济发展的若干办法》，2018
年以来兑现各类政策奖励 7600 余万元。联合国家广电总局发展研究中心编
制产业发展规划，深化部省共建。聚焦减税降费，加大财税政策支持力度，
推动组建园区产业基金，健全保险、融资租赁服务体系。

（三）健全要素保障

推动马栏山新媒体学院开展 4K 修复、DIT 数据管理等专业技能实训。
引进专业咨询公司、会计师和律师事务所等专业机构，导入协会、企业和科
研院所等资源，为企业成长"保驾护航"。开展"百企名校行"招才引智活
动，举办校园专场招聘会，降低企业用工成本，让企业招得到人、留得住
人。支持 53 家企业获批国家和省市专项扶持资金 1.75 亿元。创建国家版权
保护示范区，成立"中国 V 链"数字资产交易中心，举办版权保护论坛，
建成"优版权"服务平台，完成版权确权存证 80 余万件。

B.16
构建六链融合的科技创新生态体系

岳麓山大学科技城管理委员会

摘　要： 岳麓山大学科技城是落实"中部崛起"，湖南长沙实施"三高四新"战略、全面推进高质量发展的创新引擎和重大平台。紧扣打造全国领先的自主创新策源地、科技成果转化地和高端人才集聚地目标，岳麓山大学科技城提出了要激活科创动力源抓平台引擎、瞄准产业制高点抓技术攻关、紧盯市场需求侧抓成果转化、构筑高能磁力场抓人才支撑、优化科创生态圈抓配套完善等重要举措，奋力打造具有核心竞争力的科技创新高地的"主高峰"，全面服务支撑"三高四新"战略和长株潭一体化高质量发展。本报告从科创平台链、科创人才链、科创金融链、科创环境链、科创服务链、科创政策链的构建等方面阐述了岳麓山大学科技城构建科创生态圈进展情况。

关键词： 岳麓山大学科技城　科技创新　湖南

　　2020年12月1日至2日召开的中国共产党湖南省第十一届委员会第十二次全体会议提出，坚持创新引领，打造具有核心竞争力的科技创新高地。岳麓山大学科技城（简称"大科城"）作为实施"三高四新"战略、建设现代化新湖南的重要平台，在湖南省委、省政府的坚强领导下，在省科技厅等部门的精心指导和大力支持下，以构建科创生态体系为抓手，着力推进创新平台建设、科技成果转化、关键核心技术攻关和创新生态优化等方面建设，在打造具有核心竞争力的科技创新高地征程中走在最前列，争当排头兵。2020 年，大科城获评全国首批科技成果转化和技术转移基地，获评国家、省、市级平台 65 个，完成技术交易合同 1486 件，成交额达 23.25 亿元，同比增长 104%；新增"四上"单位 45 家、新增市场主体 3216 个、新增科创企业 1310 家，同比增长 30%，科创企业总数达 4428 家。

一 "六链融合" 打造创新生态圈

一是抓好科创平台链建设。积极探索"一校一基地"建设。中南大学科技园（研发）总部就近转化企业 393 家，1030 项知识产权与企业实现合作，7 个院士项目实现就近转化，即将获批国家级大学科技园；湖南大学科技成果转化基地已有华锐金融、自主可控 CAE 等成果落地转化；湖南师范大学后湖文化创意基地已有朱训德、段江华等 10 余位知名大咖入驻。打造科技创新平台。瞄准世界科技前沿，打造国家级、省级创新平台。湘江树图区块链创新中心、特种玻璃国家工程研究中心、航天金刚石研究院等 10 余家"卡脖子"技术创新平台成功落地，粤港澳科创产业园启动运营，香港城市大学（长沙）创新科技中心揭牌成立，助力打造具有核心竞争力的科技创新高地。推动关键核心技术攻关。收集筛选汇总全省各行业关键核心技术和"卡脖子"技术 224 项，以工程机械领域为试点，深度走访对接山河智能、中联重科、三一重工等重点企业，以"揭榜挂帅"方式发布"卡脖子"技术需求。

二是抓好科创人才链建设。加大招才引智力度。引进汪正平院士、贺龙廷博士、龙凡博士等一批开展"卡脖子"技术攻关的标志性人才，打造高端人才蓄水池。探索人才培养发展机制。积极探索高校企业人才双向挂职制，促成 8 名技术专家到高校担任研究生导师；建立省级研究生联培基地 9 家、校级研究生联培基地 60 余家，打造创新创业人才培养特区。完善人才服务配套。建设"一网一库三平台"，构筑一站式、专业化、智慧化的线上"人才之家"；高标准人才公寓投入运营，高校、企业人才纷纷入住，入住率达 95%。

三是抓好科创金融链建设。构建基金体系。麓山科投增资扩股至 1 亿元，积极推动成立大科城天使基金、产业引导基金、风险补偿基金、科技金融担保平台等，预计总出资规模约 5 亿元，着力构建大科城科技金融生态圈，以金融"活水"充分滋养科创活力。创新科技金融举措。实施"红枫计划"，通过安排专项资金作为种子基金扶持科创团队（公司）创业，支持初创型成果转化类企业发展。发挥银行信贷作用，设立风险补偿基金，解决企业融资难问题。推行租金入股、技术入股及服务入股，激发内动力。

四是抓好科创环境链建设。打造最美大科城。制定大科城城市管理考核办法，以"月排名、月考核、月奖励"为工作抓手，不断提升精细化、标准化管理水平。对大科城整体绿化进行系统规划调整，全面完成大科城西二环入口、后湖路、中南大学老校门等的绿化提质。打造书香大科城。引进止间书店等 3 家知名特色书店，完成后湖城市书房、有声图书馆等项目建设，依托"互联网＋图书"，随时随地共享优质有声图书资源；启动"麓山阅读生活季"系列活动，通过诗词大会、阅读论坛、晒书集市等活动，营造全民阅读氛围。打造智慧大科城。"AI 大科城"项目一期已进入内测阶段，功能涵盖智慧办公、政策发布、政务服务、路演融资等，下阶段将继续拓展服务业务，在智慧城市、智慧园区建设上走在最前列。

五是抓好科创服务链建设。优化科创服务。高效运营岳麓科创港，努力建成"政务服务＋专业服务＋活动服务"一体化平台；常态化举办"项目周周路演"和"成果月月发布"活动，促进项目与资本精准对接。引进专业服务平台。引进新净信、安恒等 20 个标志性平台，构建科创政务、知识产权、技术转移等十大服务平台，打造全链条科创服务体系。营造双创氛围。承办 2020 年中国创新创业大赛（湖南赛区）、2020 "创客中国" 5G 技术及应用中小企业创新创业大赛等系列赛事 12 场，开展科技活动周，"岳麓·创讲堂"等论坛、活动近 230 余场，创新创业氛围日益浓厚。

六是抓好科创政策链建设。加大上级政策争取力度，省人民政府、省教育厅、省科技厅、长沙市人民政府分别出台《关于支持岳麓山国家大学科技城城发展的若干意见》《关于推进岳麓山大学科技城建设和发展的实施意见》《关于发挥科技创新支撑引领作用推进岳麓山大学科技城建设的若干措施》《长沙市促进科技成果转化实施细则》，全面推进大科城高质量建设发展。大科城管委会发布《关于支持高校、科研院所科技成果就地转化的若干措施（试行）》，通过实打实的补贴、奖励，加速高校、科研院所科技成果在大科城孵化、转化、产业化。

二 "五个强力抓"勇攀科创"高峰"

当前，大科城的建设取得了良好的成效，但与国内外一流大学科技城相比，在科创平台搭建、成果转化应用等方面还存在一定的差距。下阶段，大科城将继续秉持"教育兴城、打破围墙、创新创业、久久为功"的发展理念，"校区、园区、城区、景区"联动发力，进一步打通成果转化链条，加快建设全国领先的自主创新策源地、科技成果转化地和高端人才集聚地，成为湖南高质量发展的强大引擎。

一是激活科创动力源强力抓平台引擎。打造基础科研平台。协同实施高等院校强基计划，重点推动岳麓山工业创新中心等重大基础科研平台建设；共同推动国家实验室、大科学装置"破零"。打造孵化转化平台。统筹引导"一校一基地"高质量发展；加快湘江科创基地、中建·智慧谷（西区）等项目建设。打造科创服务平台。系统完善"专业服务＋政务服务＋活动服务"的全周期科创服务体系；运营"AI 大科城"云平台，实现管理服务智慧化。

二是瞄准产业制高点强力抓技术攻关。部署攻关新设施。协调推进国家超级计算长沙中心软硬件升级迭代，积极推动超高速磁悬浮动力检测装备等重大科研设施落地见效。探索攻关新机制。推行"揭榜挂帅"制，联合高校、科研机构与供需双方企业共同攻关。实现攻关新突破。瞄准省市布局的"十大攻关项目"，以工程机械"卡脖子"技术为突破口，全面助推液压元器件等重大技术攻关。

三是紧盯市场需求强力侧抓成果转化。扮好桥梁角色。充分发挥大科城科创服务平台作用,全面跟踪对接企业技术需求,在高校和企业之间搭好桥梁,当好"翻译官",促进资金、技术、应用等要素对接。破解供需困境。着眼解决基础研究"最先一公里"和转化应用"最后一公里"有机衔接问题,构建技术需求库、科技成果库,破解需求侧企业技术供给不确定性、供应侧高校科研人员不便转化等难题。提升转化能力。探索推进"飞地"园区模式,形成大科城与园区科技成果转化落地的利益共享和补偿机制;引进全国领先技术转移转化机构,构建以成果转化、知识产权保护、技术交易为核心的综合服务体系,推动高校科研成果就地就近集中孵化转化。

四是构筑高能磁力场强力抓人才支撑。政策引才。梳理对接国家、省、市人才政策清单,精准出台差异化政策。机制育才。定期举办技术转移和技术经纪人培训;探索大科城与高校人才"双向挂职";筹划建设大科城"人才学院"。服务留才。提质运行"一网一库三平台",打造人才招聘、人才政策、人才培训一站式"人才之家",提高人才服务的质量和水平。

五是优化科创生态圈强力抓配套完善。加强党建引领。做实区域化党建,凝聚高校、园区、企业共建大科城合力;大力发扬"拓荒牛"精神,严格执行"三零三不"工作纪律,全方位锤炼干部队伍。突出政策服务。用好用足各层级政策保障,进一步补位出台科技金融、创新创业和成果转化政策,开展政策申报兑付全程服务。强化金融赋能。深入实施"红枫计划";联合省市国有母基金设立大科城天使基金、股权投资基金、风险补偿基金;联合金融机构开展知识产权质押融资、人才贷等配套服务。

当今世界正经历百年未有之大变局,中国发展面临的国内外环境正发生深刻复杂变化,"十四五"时期以及更长时期的发展对加快科技创新提出了更为迫切的要求。抓创新就是抓发展,谋创新就是谋未来。大科城将深入贯彻落实习近平总书记考察湖南重要讲话精神和关于科技创新的重要论述,坚持"四个面向",紧扣湖南科技创新高质量发展的新情况新需求新态势,以全力打造具有核心竞争力科技创新高地的"主高峰"为使命目标,以深化构建"六链融合"的科技创新生态体系为实践方向，持续改善科技创新环境，激发创新创业创造活力，努力为广大科学家、科技创业者搭建更好的施展才华的舞台，让一批批科技创新成果源源不断涌现出来，为湖南深化创新型省份建设、全面落实"三高四新"战略定位和使命任务、建设现代化新湖南贡献更多智慧和力量。

B.17
全面激发创新活力，
推动高新区高质量发展

株洲高新技术产业开发区管理委员会

摘　要：　高新区是高新技术产业发展的先行军、排头兵。本报告从经
济发展态势、主导特色产业、自主创新能力等方面概述了株
洲高新区"十三五"期间稳步向好的发展情况。抓创新引领
提升核心竞争力、抓产业链建设培育现代产业集群、抓改革
开放赋能高质量发展，不断优化创新创业生态环境。未来，
株洲高新区将在关键技术突破、产业项目建设、改革开放机
制建设等领域持续开展攻坚战，力争将株洲高新区打造成为
创新驱动发展示范区和高质量发展先行区。

关键词：　科技创新　高质量发展　湖南　株洲高新区

近年来，株洲高新区深入贯彻落实习近平总书记关于湖南工作的系列重
要讲话指示精神，大力实施"三高四新"战略，立足"又高又新"，持续做强
产业链，做优营商环境，做好产城融合，高质量发展态势更加明显。2020年
在全国国家级高新区排名第34位，在全省连续三年综合排名第2位。

一　科技创新工作再上新台阶

（一）发展态势稳中向好

至"十三五"末，株洲高新区营业收入、技工贸总收入、GDP分别达到

2891 亿元、2610 亿元、930 亿元，五年间年均增长率为 9.8%、9.4%、6.9%，增速持续保持稳中有进。"十三五"期间高新区主要经济指标情况如图 1 所示。

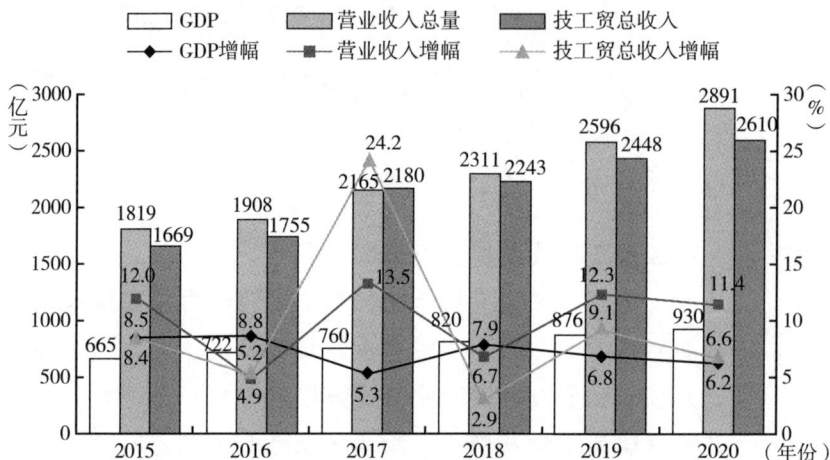

图1　"十三五"期间高新区主要经济指标情况

（二）主导产业特色鲜明

株洲高新区拥有全球最大的轨道交通产业集群、国内唯一的中小航空发动机研制基地、亚洲最大的硬质合金研制基地和国内知名的新能源汽车研制基地，构建了以轨道交通、航空航天、新能源汽车三大动力产业为主导，以新材料、新一代信息技术、新能源与节能环保、生物医药与大健康、新型显示器件等新兴优势产业为支撑的"3＋5"现代产业体系。

（三）自主创新能力较强

航空航天领域，航空发动机核心技术全国领先，中小型航空发动机市场份额居全国第一。"两机"专项航空发动机项目进展顺利，自主创新完成具有竞争力和完全知识产权的第四代先进民用发动机 AES100 型号研制工作，完成 AEP500 发动机工程验证机研制。轨道交通领域，诞生了全球首辆虚拟列车（ART）、世界首列完全超级电容 100% 低地板有轨电车、全球最大功率神 24 电力机车等一大批高精尖甚至打破国外垄断的"株洲智造"产品。

二 多措并举助推高质量发展

（一）抓创新引领，不断提升核心竞争力

在企业自主研发上，园区企业培养了以刘友梅、尹泽勇、丁荣军为代表的一批科技领军人才和 11 万名专业工程技术人员。2020 年，全区研发投入占 GDP 比重达 8%，每万人有效发明专利拥有量达 92 件，培育单项冠军、隐形冠军、小巨人等企业 70 余家，科技创新对经济增长的贡献率达到 65%。在创新载体建设上，拥有国家级研发机构 30 家，省级研发机构 154 家，院士工作站 16 家，高新技术企业 370 家，科技型中小企业 313 家。拥有省级以上孵化器（众创空间）39 家、面积 210 万平方米，累计孵化企业 1560 余家。成功创建湖南第一家、全国行业唯一的国家先进轨道交通装备创新中心。在创新人才引进上，出台"中国动力谷双创人才"系列政策，力度为全省乃至中部地区最大。从 2017 年至 2020 年，兑现的人才政策奖补资金由 860 余万元、1500 余万元、3200 余万元到 4500 余万元，2020 年新引进高层次人才增长 15%，优秀青年人才数、高技能人才数增长超过 200%。

（二）抓产业链建设，加快培育现代产业集群

大力开展产业链建设，发展三大动力产业和五大战略性新兴产业，不断构建提升"3＋5"产业体系。创造性推行链长制、产业协会、企业联合党委"三方发力、同频共振"的工作机制，推动 10 个产业链快速成长壮大，轨道交通产业通过国家先进制造业集群决赛答辩，中小航空发动机、先进硬质材料等获批省级产业集群建设试点，成功入选全国先进制造业和现代服务业融合发展试点。持续开展"项目攻坚年""产业项目建设年"活动，投资近 100 亿元的北汽株洲基地、52 亿元的 IGBT 项目、10 亿元的长城电脑等重点项目竣工投产，投资 200 亿元的"两机"重大专项、70 亿元的株洲信息港等重大项目加快建设。优化营商亲商环境，深化放管服改革，推动各项纾

困措施直达基层、直惠市场主体。五年来新增市场主体 4.5 万户，特别是 2020 年，做好"六稳"，落实"六保"，第一时间出台"抗击疫情十二条""人才八条""用工六条"等系列政策，给企业拿出真金白银，抗疫情、助发展。尽管受到疫情影响，2020 年新增企业数、个体户数仍分别实现了 14%、11%的增长。

（三）抓改革开放，全面赋能高质量发展

推动园政管理体制改革，按照园政融合思路和要求，大力实施大部制、竞聘上岗制、专业人才聘任制、薪酬绩效系数制、绩效评估全员制"五制"改革，激发了广大干部的干事创业热情，各项工作全面进步，2020 年一举获得 6 项省政府真抓实干督查激励表彰。推进国有企业转型改革，围绕"产城融合发展商与国有资本运营商"的定位，支持国有企业改革转型升级，做大资产规模，优化资产结构，完成区属国有平台公司整并。目前高科集团资产总额为 984 亿元，净资产为 387.8 亿元，2020 年实现营业收入 82.3 亿元，较上一年合并前增长 37.2%，土地收入占比下降 18 个百分点，利润总额增长 5.5%，投资与供应链金融业务占比增加 37.5 个百分点。在转型改革的同时，认真落实化债任务，化解隐性债务 36.3 亿元，获批财政部隐性债务风险化解试点县区，获得中央债券资金支持。建好开放平台。主动融入"一带一路"倡议、粤港澳大湾区等国家战略，依托正式开通的中欧班列，发挥铜塘湾物流保税中心作用，提升在国内大循环、国内国际双循环中的价值。依托株洲国际汽车小镇，加快建设汽车后市场，获批国家外贸转型示范基地、国家级二手车出口试点城市和湖南机电（机动车）产业外贸基地。

三 提前布局下阶段工作

（一）突出关键技术攻坚，持续增强科技创新驱动力

坚持创新驱动战略，抢占技术、平台、人才制高点，形成赢得未来的核

心竞争力。着力推动一批关键技术攻坚。抓住"卡链处""断链点"，以点带面深入开展攻关突破行动，采取"揭榜挂帅"、高校联合攻关等多种形式，重点抓好火炬安泰 ITO 靶材研究、菲斯罗克公司高性能导航级三轴光纤陀螺研究等一批技术攻关项目。着力打造一批现代化创新平台。加快引进、培育和建设一批在全国、全省有影响力的科技创新平台，引导园区已有创新平台资源开放合作，实现创新创业资源加速聚集、加快联动。着力引进一批"双创"人才。实施动力谷人才引进计划，建立柔性引才机制，加大与国内外知名院校合作，实施招才引智"双百工程"，每年力争引进 100 个以上高端创新创业团队项目，引进 100 个以上院士、海外专家等高端人才。

（二）持续开展产业项目攻坚，不断提升产业链现代化水平

始终把产业项目攻坚作为提升产业链现代化水平、推动高质量发展的关键之举。抓重大产业项目攻坚。强化重大产业项目的战略性、支撑性、带动性，重点抓好意华交通装备、株硬 2000 吨/年高端硬质合金棒型材等一批重大产业项目攻坚。抓现代化产业链建设。锻造产业链供应链长板，促进产业链向两端延伸、向高端攀升，不断做强做大轨道交通装备、航空航天、新能源汽车三大主导优势产业，壮大新一代信息技术、新材料等新兴战略产业，力争到 2025 年主导优势产业总规模突破 5000 亿元。抓市场主体培育。做强大企业，鼓励自主创新能力强、技术水平先进、市场占有率高的企业积极向"三类 500 强"进军。

（三）突出改革开放机制建设，努力实现更高水平改革开放

将全面深化改革和提高开放水平紧密结合起来，坚持以改革推开放、以开放促改革。在对接湖南自贸区建设上，以政策对接为核心，重点在转变政府职能、深化投资领域改革、提升贸易便利化水平等方面推进制度创新，借鉴复制成功经验，让更多企业抢先获得开放红利，分享"溢出效应"。在对接中非经贸合作上，依托产业优势和国家二手车试点城市、国家外贸转型升级基地、湖南机电（机动车）产业外贸基地三大平台优势，扩大二手车、

机电装备和优势消费品对非出口，努力打造中非经贸合作先行区。鼓励园区企业聚焦重点国家和领域，结合自身优势积极加强国际产能合作，推进高新技术跨国并购与合作，以贸易与技术合作"走出去，引进来"带动投资与项目"走出去，引进来"，努力打造千亿级产贸园区。

B.18
关于农业科技在脱贫地区践行
"三高四新"战略的工作思考

黄纯勇　徐志雄　梁雪　莫英波　彭中明*

摘　要： 湖南湘西国家农业科技园区位于精准扶贫首倡地湘西州，园区在精准扶贫中成长，在加快农业科技集成转化应用、促进农业产业发展、助力精准扶贫过程中发挥了重大作用。如何在乡村振兴过程中进一步加快创新发展、践行"三高四新"战略，是园区建设团队面临的首要问题。本报告从回顾园区发展过程入手，综合园区实际情况、区域发展大局、创新发展趋势等因素，思考、探索近年脱贫地区的国家农业科技园区在践行"三高四新"战略中如何落子走棋的问题。

关键词： 农业科技园区　创新发展　湖南湘西国家农业科技园区

一　发展实效

2013年11月，习近平总书记在湘西州十八洞村视察时首次作出精准扶贫重要指示。湘西州全州上下牢记总书记殷切嘱托，2015年2月起在国家科技部、省科技厅的关心支持下建设湖南湘西国家农业科技园区，并于

---

* 黄纯勇、徐志雄、梁雪、莫英波、彭中明，湖南湘西国家农业科技园区管理委员会项目办成员，主要从事园区发展计划拟订、科技项目与园中园创建项目的规划与实施组织、园区创新平台建设工作。

2018 年 12 月正式验收。

湖南湘西国家农业科技园区按照核心区、示范区和辐射区进行总体规划布局，核心区位于精准扶贫首倡地花垣县，示范区涉及全州 8 个县（市）63 个乡镇。自创建以来，园区围绕打造武陵山片区"农业科技创新样板区、特色农业示范区、农民脱贫致富带动区"推进各项建设，经过几年的发展，重点发展了优质茶叶、富硒椪柑、富硒猕猴桃、特色蔬菜、现代烟草、特色养殖和休闲观光农业七大特色产业，建成万亩精品园 24 个，千亩标准园 230 个，百亩示范园 2306 个，一二三产业融合发展示范区 16 个，科技扶贫产业示范基地 182 个、30 万亩（核心区 13 万亩），培育了涉农高新技术企业 29 家、农业产业化龙头企业 139 家、科技扶贫示范企业 52 家，发展省级以上农业"双创"平台 8 个，组建合作经济组织（协会）74 个、专家服务团 8 个，累计接受 945 名省州县科技特派员、"三区"人才入住。通过开展"千名农技干部精准帮扶联村全覆盖行动"等活动，打造农业科技示范样板 2850 个、创办农民田间学校 60 余所，实现 2 万多农民就近稳定就业，带动建档立卡户 3 万余户，受惠群众近 40 万人。带动当地农民人均可支配收入从 2014 年的 5891 元增至 2020 年的 11242 元，带动湘西州第一产业增加值从 2014 年的 69 亿元增长到 2020 年的 111.68 亿元。①

其中核心区的建设是园区创建成效的集中展现点。2015 年以来，园区管委会围绕"抓实精准扶贫、实现乡村振兴、推动传统矿山企业转型绿色发展"的主线，着力在花垣县中部的花垣镇、龙潭镇、麻栗场镇、石栏镇的 27 个村、9200hm² 区域内推进核心区建设。经过 6 年建设，从创建之初的以 1 家省级龙头企业、1 家高新技术企业为主体的经营主体集群，发展为入园企业 54 家，以 8 家省级龙头企业、19 家州级龙头企业、5 家高新技术企业、16 家科技型中小企业、4 家国家级专业合作社示范社、6 家省级专业合作社示范社、3 家省级扶贫龙头企业为主体的经营主体集群，初步建成种、养、加融合发展的主导产业体系，主导产业产值从不足 6 亿元提升到 10.54

---

① 《湘西州 2014 年国民经济和社会发展统计公报》，2015 年 3 月 26 日。

亿元,农民人均可支配收入增长到 1.25 万元;创建 1 个国家农村产业融合发展示范园、1 个省级现代农业产业园、7 个现代农业特色产业省级示范园,成为农业部向全国推介的农村创新创业园区。发展了 6 个科技创新平台、14 个产学研合作平台,有效"二品一标"发展到 14 件,获得省科技进步奖 2 项、国家农业丰收奖 1 项、省农业丰收奖 1 项,专业技术人员发展到 218 名(含入住的 51 名科技特派员、三区科技人才),初步形成了以院士专家工作站为核心的创新发展保障体系。2020 年,完成研发投入 2200 万元、新增专利授权 14 件、引进推广转化新技术新品种新材料 84 项,科技进步贡献率从不到 48% 提升到约 62.5%,经湖南省科技厅遴选、推荐,参加科技部组织的全国"科技抗疫——先进技术推广应用'百城百园'行动"。带动花垣县农民人均可支配收入从 2014 年的 5509 元增至 2020 年的 10822 元,第一产业增加值从 2014 年的 6.18 亿元增长到 2020 年的 9.52 亿元。[①]

二 回顾与思考

湖南湘西国家农业科技园区地处湘鄂渝黔交界的武陵山区腹地,具备辐射武陵山片区、发展现代农业的优越条件,符合"十三五"国家科技创新规划中"完善区域协同创新机制,加大科技扶贫力度,激发基层创新活力"的总体部署;符合《"十三五"农业农村科技创新专项规划》中"以科技创新支撑引领农业供给侧结构性改革""着力强化科技扶贫精准脱贫"的指导思想,符合《湖南省乡村振兴战略规划(2018-2022 年)》中"发展现代农业产业园区,创建农业产业化示范基地""形成相对完善的乡村产业发展体系和经营管理体系"的要求,承载着精准扶贫重大使命,事实上也在精准扶贫过程中发挥了积极的作用,有力地推进了当地的精准扶贫工作和农村社会经济发展。

---

① 《花垣县 2014 年国民经济和社会发展统计公报》《花垣县 2020 年国民经济和社会发展统计公报》。

2020 年习近平总书记在湘视察时勉励湖南打造"三个高地"、践行"四新"使命，当年 12 月中共湖南省委全会明确提出大力实施"三高四新"战略，为湖南湘西国家农业科技园区继续推进创新发展、服务乡村振兴与区域经济发展指出了方向。

（一）回顾成功经验

1. 遴选主导产业中的重点产业着力推进、重点发展

通过对 1~2 个有特色、有深度联系的主导产业进行整体规划，创建生态循环产业体系及其经营主体单位集群。如在核心区，通过对湘西黄牛、茶叶两大产业进行统一规划、统筹建设，用 2 年左右的时间构成了以"种植牧草或青贮玉米养牛→湘西黄牛加工与交易→养殖加工废弃物生产有机肥→生态有机肥用于茶叶生产"为主线的生态循环产业体系，形成了以 5 家省级龙头企业、高新技术企业为核心的，数十个合作社与新创企业参与的产业集群，发展了 1 个由院士专家任院长的研究院（民办非企组织）、1 个省级工程技术中心、1 个国家级保种资源场、1 个企业技术中心，创新发展体系基本形成，成为园区主导产业建设的一个亮点。

2. 重视柔性引才与外派培养相结合培育人才

同样以"湘西黄牛—茶叶生态循环产业体系"建设为例，湖南湘西国家农业科技园区管委会在州县的支持下，引入院士专家及其团队、畜牧研究机构专家队伍，作为技术支撑力量，组织参与科研项目的设计、实施，组建茶产业联合研究院，组织一批相近专业的本土人才参与项目实施、研究院建设，并与外聘专家所在机构达成协议，由管委会每年组织一批青年技术人员、技术骨干赴院、校，通过随在校班级学习、在项目组跟班等形式进行深入培养。

3. 统筹建设项目，完善基础设施配套

着重集中一批基础设施建设项目推进核心区建设，逐步完善农业科技园区核心区的设施配套。如在花垣核心区的建设上，就先后聚集了路网 PPP 项目、亚行贷款农村环境整治和绿色发展项目等一批重大项目及系列产业基

地建设项目进行推进。虽然目前的配套水平仍然与规划要求存在相当差距，但已在持续不断的改善、完善中。

4. 重视以"园中园"的方式分块推进建设，逐步实现整体建设意图

以湖南湘西国家农业科技园区在花垣核心区的建设为例，通过承担花垣县湘西黄牛特色产业集聚区的建设，在核心区农产品加工物流园中先后支持黄牛产业企业完成加工能力提升、草食动物交易市场、农产品溯源系统（一期）等建设；通过实施园区双创孵化基地建设项目，推进标准厂房、创业孵化综合服务平台建设，为园区的创新创业孵化工作提供了硬件保障；通过承担创建国家农村产业融合发展示范园工作，系统化地对园区核心区主导产业进行了合理调整、补链，预计实施完成后核心区与花垣县城的园城融合、产城融合程度将实现飞跃式提升；通过创建十八洞黄金茶特色产业园等省级现代农业特色产业园，实现了一批核心产业基地的整体提质与标准化生产。

（二）正视发展短板

1. 基础设施配套不足

以公路为例，2016～2020年湘西州新增干线公路583公里，完成农村公路提质改造1254公里、自然村通水泥（沥青）路2271公里，但由于底子差，建成设施与需求仍有较大差距。比如在园区核心区，已建成以二级路为主的外环通道，但内环公路网尚未完成，到直线距离不到1公里的沿湖两岸需要绕行近20公里；再如，园区双创孵化基地标准厂房2021年下半年才可交付首批。

2. 主导产业仍需补链强链

湖南湘西国家农业科技园区的七大产业，均存在核心龙头企业实力不强、产业运行水平较低、产业链不完整等问题，例如，猕猴桃产业已有国家级农业产业化龙头企业，但加工能力及加工深度依然有限，大量果品仍是以鲜果、统货方式销售；核心区内的中药材产业，数年前即形成虎仗提取白藜芦醇的工业化生产能力，但始终未形成白藜芦醇胶囊产品。

3. 招商争项能力较弱

一方面，园区的产业体系尚未形成特色，地方招商同质化程度较高，招商引资成效不显著。另一方面，受人才、配套资金等因素的综合影响，除政策性项目外，园区乃至湘西州在项目争取上均处于弱势。同时，由于国家农业科技园区核心区的项目建设指标用地不在部、省级统筹而是在地方进行安排、调剂，周转地、建设用地储备难以落实，进一步增加招商争项工作难度。如湘西国家农业科技园区花垣核心区，农产品加工物流园规划面积216.76hm²，目前仅得征地批单35hm²左右，招商、项目建设均受到影响。

4. 招才引智困难较大

一方面，湖南湘西国家农业科技园区所在地社会经济发展水平整体较低，人员薪资、科研项目投入、引才优惠政策等与长沙一带相比，难以吸引人才。另一方面，当地的大专院校、科研院所数量少、规模小、层次低，培养人才、留住人才是面临的重大难题。

（三）建设思路探析

湖南湘西国家农业科技园区地处湘鄂渝黔交界的武陵山区腹地，当地社会经济发展水平相对落后，研发、制造均弱于省内的沿湘江一线地区，人才引进、项目争取处于弱势，而且园区所在地的8个县市均是近年刚脱贫摘帽的贫困县，创新、研发投入力度较弱。基于现实环境与条件，湖南湘西国家农业科技园区在下一阶段的发展，应从主要维度上综合考量、清晰定位。

1. 创新工作方面

宜定位为"农业科技创新成果集成转化平台、二次创新与中试应用承载平台、创新成果熟化输出示范平台"，进一步引进农业与食品加工科技成果进行集成、二次创新，紧盯发展前沿和原始创新，当好科研机构与企业间的桥梁，为推动当地经济社会高质量发展闯出新路子。

2. 创业工作方面

宜定位为"科技型企业的助推器、新创企业的孵化器、新兴业态的催化器"，完善、壮大创新支持平台，培育省级国家级产业化龙头企业、高新技术企业、科技型中小企业集群，大力支持新业态经营主体单位发展，构建创新发展新格局。

3. 产业培育方面

宜在主导产业中挑选重点产业，以培育综合式产业链、产业融合体集群的方式，培育园区的骨干产业、真正的特色产业；同时，在地方农业资源研究上启动基础研究，不追求短期产出效益，着眼于后期形成原始创新成果用于支撑园区特色产业发展，寻求实现某些小领域的突破、培育，使园区在局部小领域形成具有核心竞争力的科技创新高地、加工业高地，培养出园区的核心特色、核心竞争力。

4. 板块发展方面

宜以"园中园"的方式推进建设，在核心区和重点示范区形成系列功能较完善、标准较高的支撑点。以支撑点撬动、示范，带动整个园区的发展、引领当地农村社会经济发展，在乡村振兴中展现农业科技园区的新作为，彰显新时代的新担当。

三　思考与建议

下一阶段，湖南湘西国家农业科技园区的建设，应紧跟"三高四新"发展战略、紧盯乡村振兴伟大工程，以引进集成与二次创新为主加快创新能力建设，当好创新与应用的桥梁，培育产业经营主体、挖掘新生业态、培育核心特色与核心竞争力，系统化推进产业融合发展、择重点推进实现局部先发展，进而实现园区的整体发展，为区域经济发展闯出新路子、构建新格局。

基层园区管理机构在加强园区创新发展、推进建设的同时，对管理部门政策支持的需求也更显急迫。①科技部层面，应协调发改、自然资源等相关部门，为农业科技园区核心区发展农产品加工、物流、冷链争取一定的建设用地指标。②建立系统化的创新工作容错机制，将创新工作的管理、服务纳入，促进基层创新管理、服务团队放开手脚推进工作。③针对农业科技园区新创企业多、企业管理水平较低、项目争取能力弱的现实，建立以"成果导向"为重点的科技创新、成果应用绩效评价与奖扶机制，对未得专项资助但取得实效的企业、项目，通过"以证书、证明换资助、奖补"的方式进行支持，培养一批有成效、有前景的企业、项目。④设立农业科技园区创新发展基金，进一步加大对涉及公益性、产业类创新、研发项目的支持力度，与常规科技项目并行，加强资金使用过程监管，简化申请流程、放宽投资范围，与农业科技园区投融资平台共同构建园区孵化平台资金支持机制。⑤加大对企业孵化载体的支持力度，发挥服务平台的作用，完善多层次创业创新融资支持体系，依托院校资源，服务科技型企业，以"股权＋债券""股权＋担保"等方式为企业提供股权投资、融资租赁、贷款担保、小额贷款、管理咨询等专业金融产品与服务。建设省级科技成果转移转化公共服务平台，实施高校、科研院所专利托管计划，促进科技成果在孵化平台转移转化。

B.19
实施创新首位战略，凝聚科技发展动能，
全力创建首批省级创新型区

雁峰区人民政府

摘　要：　创新是一个地区发展的灵魂，科技创新更是一个地区进步的
不竭动力。雁峰区近年来以湖南省科技成果转移转化示范区
建设、省级创新型区建设为契机，把科技创新摆在核心地
位，加快构建科技创新体系，在全区深植创新理念，广泛鼓
励科技研发，充分利用雁峰老工业区丰富的资源，着力打造
输变电产业集群，整体向智能制造、大数据等方向提质升
级，强化科技人才引育、营造创新创业环境，全面增强科技
创新驱动力，助推产业高质量发展。

关键词：　创新首位　创新型区　高质量发展　湖南　科技创新

　　唯创新者进，唯创新者强，唯创新者胜。近年来，湖南省衡阳市雁峰区
认真贯彻湖南省委"三高四新"、衡阳市委"一体两翼"战略①，把科技创
新放在首位，举全区之力推进省级创新型区建设，以重大项目、重大平台载
体、重大科技合作为着力点，强化科技创新驱动，全区科技创新能力和水平
不断提升，为新常态下经济社会发展注入了强劲动力。2020年，雁峰区
GDP增幅维持4.2%以上，科技投入产出绩效评价指标进入全省前十，较好

---

　　①　衡阳市大力实施建设省域副中心城市、现代产业强市和最美地级市的"一体两翼"发展
战略。

地完成了各项指标和工作，获得了省级荣誉 3 项：省政府真抓实干表扬激励单位，省人民政府真抓实干成效明显地区——落实创新引领战略等政策措施成效明显市县区，"创客中国"湖南省中小微企业创新创业大赛优秀组织单位；并在全省科技创新工作会议作为唯一县市区代表发言。科技创新引领作用逐渐凸显，大众创业、万众创新的氛围日益浓厚。

一 主要做法和成效

（一）以创新体系为"纲"，首位构建科创发展"新格局"

1. 实施科创首位战略

始终把打造科技创新核心区，作为构建雁峰新发展格局的首位战略，将科技创新纳入两个五年规划。通过区委全会审议制定《雁峰区培育建设省级创新型区工作方案》，成立了以区委书记任第一组长、区长任组长的建设省级创新型区工作领导小组，成立专班高位推进。建立创新与单位年度绩效考核挂钩、与领导干部使用挂钩的"双挂钩"机制，并明确 30% 的考核分权重。

2. 强化政策体系供给

为了激活创新这一池春水，制定出台《雁峰区关于推进省级创新型区建设激励措施》《雁峰区研发投入专项激励资金使用管理办法（实行）》等创新政策 10 余项，明确 20 条"黄金奖励"，对高新技术企业培育引进、科技成果转化、产学研、知识产权、人才引进等给予奖励，全方位推进省级创新型区建设工作，极大激发了企业的创新热情。同时，坚持围绕产业链部署创新链，围绕创新链布局产业链，实施"四大工程"① 集聚创新资源，推动

---

① 《衡阳市雁峰区培育建设省级创新型区工作方案（2020－2022 年）》中四大主要任务，即创新型企业培育工程、创新型产业集群打造工程、创新载体与平台建设工程、科技创新惠民工程。

"四大产业"① 创新发展，力争三年成功建成省级创新型区。

3. 夯实多元投入保障

区本级财政科技专项经费预算连续两年递增 30% 左右，全区公共财政科技支出占区公共财政支出比重达到 7%，地方财政科技支出由 0.13 亿元增至 0.63 亿元。同时，配套建立 2000 万元的产业引导资金池、500 万元的风险补偿基金，安排 600 万元创业资金，构建科技、产业、金融协同互促的创新体系，推动全区高企数量从 2015 年的 5 家增长至 77 家；全社会研发经费投入总量由 2018 年的 4.2 亿元增至 2020 年的 7.1 亿元，投入强度由不足 1% 提升到 2.5%；高新技术产业增加值占 GDP 比重从 20% 增长到 35.6%，超全省平均水平 11.7 个百分点，使"科研经济"成为高质量发展的主要力量。

（二）以创新平台为"基"，全面释放科创发展"新活力"

1. 搭建校企合作平台

聚力聚焦校企供需对接、资源共享和双赢发展，积极搭建校企产学研对接平台，不断推动教育链、人才链、创新链和产业链的贯通融合，助力企业与上海交大、浙江大学、南华大学等 7 所国内知名高校深化合作。坚持每年举办科技活动周，组织专家学者、企业代表、创新人才共探科技创新合作新模式。2021 年，邀请清华大学信息技术研究院副院长邢春晓以"信息科技赋能数字经济和智能制造"为题开展讲座，并组织政企签约、产业链签约及产学研签约，成功签约 9 个，着力打造产学研用协同的科技攻关体系。

2. 搭建创新服务平台

引进、整合和优化科技资源，加快建设社会化、网络化、专业化创新服务平台，建成雁峰区省级中小企业公共服务中心等 4 个线上线下平台，引进科大讯飞、德威知识产权等创新服务机构 58 家。积极引导服务平台开展体

---

① 《衡阳市雁峰区培育建设省级创新型区工作方案（2020—2022 年）》中明确重点发展四大产业，即输变电、大商贸金融、大数据、大健康文旅。

制机制创新，打造国家级和省级创新创业基地 5 个、省级科技企业孵化器 1 个、省级众创空间 1 个。雁峰区创新创业孵化基地连续两年获评省优秀基地，为企业提供信息化、人才、金融投资、市场开拓、科技创新交流等全方位服务。

3.搭建企业研发平台

突出政策引导和对接服务，大力推进企业自主研发平台建设，打造国家级和省级新型研发机构 21 个，逐步形成了以企业为主体，高校、科研院所为依托，自主创新与引进消化相结合的企业科技创新体系。同时，以省级科技企业孵化器衡山科学城、省首批承接产业转移特色基地白沙工业园和开放型经济平台综合保税区为依托，强化科技园区模式，为企业提供更多的科技创新资源。

（三）以创新人才为"核"，注重培育科创发展"新力量"

1.发挥高校力量，促进成果转化

充分发挥高校师资和科研力量。一方面，大力实施"博士团队进企"行动。2021 年组织博士进企 30 余人，通过"企业出题、高校解题、政府助题"，为企业精准匹配高校师资团队 10 余个，使研究开发更加贴近产业发展方向和企业实际需求。另一方面，支持高校师资团队带科研成果进驻企业。累计推动科技成果转移转化 273 项，60 余项国省市科技项目成功落地达产，实现技术合同交易登记总额 6 亿元。

2.举办技术比赛，激发创新活力

围绕激发企业及企业家创新意识，一年一办双创大赛，一季一办科创培训，双创大赛参赛企业数量连续三年蝉联全省各县市区第一，其中获得国家双创大赛优秀企业 3 个、省双创奖项 4 项。每年从财政拿出 200 万元奖励企业创新。围绕行业人才创新，支持金杯电工协办湖南省首届电线电缆制造工（检验工）技能竞赛，大力培育具有工匠精神的行业人才。

3.引进高端人才，破解技术难题

全面落实"人才雁阵"计划，柔性引进院士 5 位、省"5 个 100"高层次科技创新人才15位，培育引进12个高层次创新创业人才团队，建立科技创新专家库和联湘创新创业人才工作站，实行"揭榜挂帅"，指导企业开展技术攻关破解"卡脖子"难题，推动15家企业实现知识产权"破零倍增"。2020年新增发明专利285件，同比提高141.5%；万人拥有有效发明专利13件，位居全省前列。

（四）以创新产业为"根"，持续展现科创发展"新气象"

1. 打造新业态，产业结构转型升级

抢抓国省市战略机遇，力争在"新基建"、新技术、新经济上不断取得突破。在"新基建"上，推动博岳通信大数据服务基地运营启用，中国移动衡阳5G云数据中心正式开工建设；争取1.04亿元专项资金建设大数据产业园，积极引进紫晶大数据暨智慧档案产业园。在新技术上，协同科大讯飞布局智慧教育、智慧医疗、智慧养老；推动全国首个"工惠驿站"线下项目落户，发展智慧物流。在新经济上，成立湘江南路666号金融中心，引进5家金融公司落户雁峰，致力建设区域性金融中心，大力推动资本市场向科技创新和工业企业输血。

2. 激发新动能，产业集群原地倍增

坚持以创新引领加快实现产业基础高端化、产业链现代化。通过推动恒飞电缆10亿级电线电缆智能化产业园落地，促进特变电工攻关95项新产品、新技术的研制开发，金杯电工新建10条智能化生产线，带动产业集群规模倍增、效益倍增。输变电产业集群产值从70亿元增长到180亿元，增长率达157%，利税从3亿元增长到5亿元，增长率66.7%。目前，衡阳市委、市政府正致力于打造以衡阳为主体、辐射整个湖南的国家先进制造业输变电产业集群。

3. 制定新标准，产业地位引领行业

大力推动企业成为行业标准制定者，组织企业主持或参与制定国家标准40项、行业标准74项，获国省级科技进步奖9个、省部级奖30项。其中，特变电工完成最大容量（35kV）植物油环保型海上风电塔筒专用油浸式变压器研制填补国内空白；金杯电工不停机更换模具生产 35kV 及以下交联电缆技术实现国内首创；舜达精工发动机零部件低摩擦技术突破"卡脖子"技术；努力推动"衡阳制造"向"衡阳创造"、"装备中国"向"装备世界"的跨越。

二 下一步工作打算

抓创新就是抓发展，谋创新就是谋未来。"十四五"期间，雁峰区将以"现代产业强市"建设为契机，坚持创新首位战略，以建设科技创新核心区为引领，加快培育人才引领优势、创新策源优势、产业创新优势和创新生态优势，努力打造具有核心竞争力的创新发展示范区。

（一）大力实施创新平台建设工程

学习借鉴浙江杭州市特色小镇建设经验，大力推进工业小镇建设，按照生产、生活和生态"三生融入"要求，全面推进产业和创新平台建设。聚焦主导产业创新升级、原地倍增，重点支持新型能源及电力装备产业链打造国家级输变电产业集群。大力建设三创基地、创新创业孵化基地、中小微企业服务中心等创新创业示范基地，着力打造"衡州大道科创走廊"创新策源地。力争在"十四五"时期，新增创新密集区 1 家，众创空间、星创天地 2 家，科技创新服务平台 1 个，科技信息平台 1 个，企业孵化器 1 个，努力形成人才、技术、资本等各类创新要素聚集的创新平台。

（二）大力实施创新人才培育工程

加强创新人才引育，深入落实"人才雁阵"行动计划①，积极开展"万雁入衡"引才行动。综合运用"UP 模式"、柔性引才、靶向引才、专家荐才等招才引智机制，协调培养引进一批科技领军人才、创新团队和青年科技

---

① 衡阳市制订的一项人才引进计划，重点引进国际化高精尖人才。

人才，壮大基础研究人才、高水平工程师和高技能人才队伍。重点围绕输变电、大数据、医药、汽车机械等本地产业需求，引进一批符合雁峰区发展需求的海内外高层次创新创业人才，培养一批本地科技领军人才及团队，到2025年引进高层次科技创新人才50人。

（三）大力实施科技成果转化工程

以重大战略产品开发为导向，重点在输变电及新能源、生物医药、汽车零配件等主导产业领域实施重大科技研发专项，积极组建市场机制运行、政产学研用一体化的科技协同创新体。坚持政产学研金用一体化，围绕科技成果转化，统筹创新链、资金链、产业链和政策链，推动科技创新组织模式和服务模式创新。支持一批科技成果中介服务企业发展壮大，引导科技中介服务机构规范、有序发展。支持国内外高校、科研院所在雁峰区建立科技成果转化平台。大力弘扬科学家精神和工匠精神，加大科技奖励力度，完善科技奖励制度。

（四）大力实施企业创新升级工程

重点扶持特变电工衡阳变压器、金杯电工、恒飞电缆等成长性好的行业龙头企业，形成一批科技创新能力强、拥有自主知识产权、具有竞争优势的龙头企业和企业集团。集中支持一批创新型骨干企业，对舜达精工、云雁航空、三文科教、鸿拓汽车等创新型企业和科技小巨人企业，在产品研发、技术改造等方面进行重点扶持和培育，形成新的核心竞争力。力争在"十四五"时期，培育20家左右的创新型骨干企业，高新技术企业达到100家以上，高新技术产业增加值占地区生产总值的比重达到38%以上。

调 研 篇

Investigation Section

B.20
加强基础研究，助力科技创新高地建设

唐宇文　戴丹*

摘　要：　基础研究是科技创新的先导和源泉。近年来，湖南省不断重
　　　　　视加强基础研究，取得了积极进展。但也存在一些不足，主
　　　　　要表现为：国家大科学装置建设缺失、基础研究投入力度偏
　　　　　弱、科教资源未能转化成基础研究优势、科学硬件平台不足
　　　　　难以有效集聚高端人才、基础研究科研环境不容乐观等。针
　　　　　对以上短板制约，本报告提出要加强顶层设计和统筹协调，
　　　　　深化基础研究领域的合作与交流，加强人才引培与集聚，加
　　　　　大资金投入，优化发展机制与环境等对策建议。

关键词：　湖南　基础研究　大科学装置　科技创新

---

* 唐宇文，湖南省人民政府发展研究中心党组副书记、副主任、研究员，主要研究方向为创新
型经济与发展战略；戴丹，湖南省人民政府发展研究中心一级主任科员，主要研究方向为产
业经济。

"基础研究是科技创新的源头""我国面临的很多'卡脖子'技术问题，根子是基础理论研究跟不上""要持之以恒加强基础研究"等都是习近平总书记对科技创新的重要指示。基础研究行得稳不稳、站得牢不牢，将直接关系国家和地区科技实力的不断提升。近年来，湖南省深入实施创新引领开放崛起战略，大力推进创新型省份建设，对推动基础研究起到了重要作用。展望未来，湖南省要打造具有核心竞争力的科技创新高地，必须重视和加强基础研究创新，积极争取国家大科学计划、大科学工程和大科学装置等科技创新在湘布局，推动全省基础研究实力全面提升。

一 湖南省基础研究存在的短板

近年来，湖南省不断加大创新力度，创新引领作用逐渐凸显，但基础研究仍存在明显的短板。

（一）国家大科学装置建设缺失

相比国家实验室，大科学装置除了产出重大科技成果之外，还有很大的溢出效应，能够更快速地为当地创造经济效益。国家发改委官网公开资料显示，截至2019年底，全国先后布局建设的大科学装置共有38个（建成22个、在建16个，如表1、表2所示）。其中，合肥有8个、北京7个、上海5个，成为名副其实的超级赢家。湖南省虽拥有19家国家重点实验室和14家国家工程技术研究中心，但国家大科学装置还是空白。对比邻省湖北，其省会武汉拥有数个国家重大科技基础设施，如国家脉冲强磁场科学中心、精密重力测量研究设施等，而湖南省近年鲜有国家科技战略布局。

（二）基础研究投入力度偏弱

2018年湖南省基础研究投入22.78亿元，占R&D比重为3.5%，比全国平均水平（5.5%）低2个百分点，在中部六省中排名仅第五（见表3）；基础研究人员为10103人，占R&D人员的6.9%，较上年下降0.43个百分点。根据《2019 年度湖南省科学技术厅部门决算》，2019 年省级财政基础研究投入为 221 万元，占财政科技投入的 2.0%，比 2018 年下降 1.04 个百分点，基础研究投入占比较低。

表1 已建成的国家大科学装置分布情况

序号	装置名称	所在城市	序号	装置名称	所在城市
1	中国地壳运动观测网络	—	12	北京 5 兆瓦低温核供热试验堆	北京
2	子午工程	—	13	北京遥感飞机	北京
3	合肥同步辐射加速器	合肥	14	上海"神光"系列高功率激光装置	上海
4	合肥 HT-6M 受控热核反应装置	合肥	15	上海神光 II 装置	上海
5	合肥环流器 HL-1 装置	合肥	16	贵州 FAST 望远镜	贵州黔南
6	合肥 HT-7 托卡马克	合肥	17	2.16 米光学望远镜	河北兴隆
7	合肥 EAST 托卡马克	合肥	18	兰州重离子加速器	兰州
8	合肥稳态强磁场	合肥	19	中国西南野生生物种质资源库	昆明
9	北京正负电子对撞机	北京	20	短波与长波授时系统	陕西临潼
10	遥感卫星地面站	北京	21	武汉国家脉冲强磁场科学中心	武汉
11	H1-13 串列式静电加速器	北京	22	太阳磁场望远镜	新疆博州

表2 计划建设的国家大科学装置分布情况

序号	装置名称	所在城市	序号	装置名称	所在城市
1	加速器驱动嬗变研究装置	合肥	9	大型低速风洞	哈尔滨
2	未来网络试验设施	合肥	10	高效低碳燃气轮机试验装置	连云港/南京
3	模式动物表型与遗传研究设施	北京	11	南极天文台	南京
4	地球系统数值模拟器	北京	12	强流重离子加速器	兰州
5	海底科学观测网	上海	13	精密重力测量研究设施	武汉
6	转化医学研究设施	上海	14	综合极端条件实验装置	长春
7	光源线站工程	上海	15	高海拔宇宙线观测站	成都/甘孜州
8	空间环境地面模拟装置	哈尔滨	16	高能同步辐射光源验证装置	保定

资料来源：中国（深圳）综合开发研究院。

（三）科教资源未能转化成基础研究优势

美国基本科学指标数据库（ESI）的数据显示，湖南省所有高校中，有35个学科进入ESI全球排名前1%；而教育部第四轮学科评估的结果表明，全省进入前10%、前20%、前30%的学科分别有25个、58个、95个，科教资源十分丰富。同时，根据《2019年中国科技统计年鉴》，2018年湖南省高校专利申请数量居全国第8位、中部第2位，但转化率不足1%，仅为全国水平的1/2，在全国28个地区（西藏、青海、新疆缺数据）排在第20位，在中部地区排在第5位。究其原因，基础研究成果较难与股权激励等形式挂钩，其转化及产业化缺乏内在动力；再加上基础研究具有滞后效应，即使对基础研究人员奖励到位，也难以有效激发基础研究热情。

表3　2018年中部六省基础研究投入占R&D比重情况

单位：亿元，%

地区	基础研究支出		中部排名
	金额	占比	
全国	1090.37	5.5	——
安徽	42.28	6.5	1
山西	9.49	5.4	2
湖北	30.57	3.7	3
江西	10.96	3.5	4
湖南	22.78	3.5	5
河南	12.82	1.9	6

资料来源：《2019中国科技统计年鉴》。

（四）科学硬件平台不足难以有效集聚高端人才

近年来，国内各大城市纷纷出台人才新政，湖南省尤其是省会长沙也制定了高端人才引进政策，但成效还不够显著。部分原因在于湖南省重大科技基础设施（大科学装置）不足，对国内外高层次人才缺乏吸引力。目前全国湘籍两院院士147人，居全国第五位，但在湘两院院士73人（含外聘院士），在湘全职院士仅 42 人（含总部驻湘军事院校军人或文职人员）。而同样的中部省份安徽省，皖籍院士 98 位，但在皖服务的两院院士达 130 人，这很大程度上得益于合肥市拥有高度集聚的大科学装置集群，而大科学装置离不开高端科研工作者的"保驾护航"。位于广东东莞大朗镇的中国散裂中子源自 2018 年 8 月投运至今，已吸引高端科研团队 166 个，并培养出 400 余位相关领域的顶尖人才。重大科技基础设施（大科学装置）如同"磁石"，能迅速吸引高端人才集聚。因此，湖南省的当务之急是要加强科学硬件平台建设，从而吸引国内外高层次人才，为湖南基础研究创新提供源源不断的智力支持。

（五）基础研究科研环境不容乐观

首先，在基础研究领域，由于制度因素，自由探索的学术氛围尚未真正形成，科研人员对前瞻性研究缺乏学术冒险精神。其次，基础研究领域的学术交流较少，交叉学科、交叉领域的交流则更少，使许多研究成果降低了延续性和交叉发展功能。最后，政府和科研人员对企业发展基础研究的认识存在一定误解，认为企业不具备足够的基础研究实力，基础研究应由科研院所和高校承担，导致企业与科研机构、高校的合作模式迟迟未能创新。

二 加强湖南省基础研究的对策建议

加强基础研究，是湖南打造具有核心竞争力的科技创新高地的重要抓手，湖南需高度重视，重点在以下几方面发力。

（一）加强基础研究顶层设计和统筹协调

1. 编制参与国家大科学计划和大科学工程发展规划

结合国家科技发展战略需求和统一规划部署，整合全省科研力量，编制湖南大科学计划和大科学工程发展规划，在湖南具备优势的工程机械、新材料、航空航天、超算和国防等相关领域，以及十大重点产业技术创新领域和

20 条新兴优势产业链，研究提出具有湖南特色的国家大科学计划和大科学工程的方向，力争在国家后续布局的重大科技基础设施中抢占一席之地。积极争取超算大科学装置、中药大科学装置、现代生物种业大科学计划等落户湖南，为湖南省产业发展积蓄创新实力。

2. 加强组织领导和协调管理

由湖南省对接国家科技重大专项工作协调领导小组牵头组织大科学计划专题会议，湖南省科技厅、发改委、工信厅、财政厅、卫健委、国防科工局、国防科大、中南大学等部门和单位参加，研制湖南省参加重大科技基础设施的战略规划、发展方向、领域布局等内容。成立由省内外科技界、产业界等高层次专家组成的湖南省大科学计划专家咨询委员会，对湖南大科学计划的优先领域、战略规划、项目论证等进行咨询评审，提供决策参考。

（二）深化基础研究领域的合作与交流

1. 加强与国家高端科研机构及世界一流高校对接

瞄准国家重大科技发展战略和任务，根据省内科技发展现状及产业优势，聚焦基础学科和前沿探索，加强与国家高端科研机构和一流高校对接。支持组建国际或跨省联合研究中心，争取中科院、清华大学等知名高校院所在湖南建立分支机构。引导省内高校、科研机构等进行国内同领域或交叉领域的学术交流，鼓励研究人员消化吸收国外研究经验，定期举办国际学术会议，邀请权威研究学者开展讲座，派遣省内研究人员进行国外学术访问，实现湖南和国际领先基础研究的接轨。

2. 积极探索政—企—校—研基础研究合作模式

建立高校、科研机构和企业三者间的基础研究合作模式，定期组织有关企业进行基础研究培训或听取报告会。聚集高校、科研机构和企业进行座谈和交流，促进多元主体的合作。利用高校和科研机构的基础研究实力和平台优势，向企业输出优秀专业人才，从事与行业有关的基础研究工作，或者为企业设立研究点。譬如大学—信息产业合作研究中心，以基础研究的设施和设备借助企业开展基础研究。企业为高校、科研机构提供基础研究所需经费，高校和科研机构提供基础研究成果转化的平台和实践，也能运用基础研究成果并产生收益。

3. 加大基础研究开放力度

在基础研究计划（立项）以及基础硬件平台等方面进一步加大开放力度，大力支持海外专家学者通过在湘外资研发中心承担湖南省基础研究科技项目。针对不同国家（经济体）建立长期的基础研究合作机制，搭建稳固的基础研究创新平台，吸引更多的海外人才来湘访问交流，促进基础研究有序开展。推进全省科研基础设施和科研仪器向社会开放共享，加强全省基础研究的部门协同和省地协同。依托国防科技大学等高校院所，推进军民融合，促进特种材料、高端装备等领域军民协同创新。

（三）加强基础研究人才吸引、培育与集聚

1. 培养和引进高端战略性科技人才

在先进装备制造、新材料、电子信息、生物制药等湖南优势科研领域设立重点扶持团队，支持中青年科研工作者开展探索性、前瞻性的基础研究，培养一批具有国际视野的基础科学领军人才。深入实施湖湘高层次人才聚集工程、国家高端外国专家引进项目，重点培养引进一批基础研究领军人才，实施省科技领军人才计划、湖湘青年英才计划，启动院士带培计划，引导院士与优秀青年科技人才建立对接合作。

2. 加强高水平实验技术人才队伍建设

加大实验、工程技术与专职服务人才培养力度，建设一支高水平、高素质、结构合理的技术人才队伍。在人才放权、松绑、激励、服务等方面加大政策创新力度，加大对青年人才的普惠性支持。建立健全符合上述技术岗位的评价与晋升体系，优化激励与末位淘汰机制，切实提高实验技术人才的地位和待遇。

（四）加大基础研究资金投入

1. 建立完善的基础研究资助体系

借鉴北京对外合作交流活动基金、上海应用材料研究与发展基金、江苏

发展高新技术应用基础研究计划等，湖南应根据区域特色设置更多项目基金。如根据"一带一部"的战略定位，可以设置"一带一部"合作基金；针对工程机械"卡脖子"技术，设立精密机械基金；围绕省内优势特色领域，设立交叉学科研究基金；针对企业对参与基础研究工作越来越重视，可以设置培养企业基础研究能力的优秀基础研究企业团队基金等。

2. 健全基础研究多元投入机制

加大省财政投入，对湖南省优势学科和特色产业领域相关的基础研究，建立长期稳定的支持机制。采取税收优惠、研发费用加计扣除等政策，引导更多企业对基础研究投入资金。建立联合基金，加强政府与企业等创新主体的合作；通过慈善机构及个人捐助等方式，进一步吸引社会资金投向特色基础研究。

（五）优化基础研究发展机制与环境

1. 单独制定基础研究专项措施

对基础研究经费投入、人才引进与培养、基础研究科研平台建设等方面进行"专策专管"，系统规范与监管基础研究领域。加大基础研究政策的配套力度，在整体基础研究政策的大框架之下，对关联、复杂部分进行政策配套，强化基础研究政策的细化工作。比如，针对政府资助的基础研究经费与企业、社会团体等捐赠的研究经费的管理问题，应该在各类自然科学基金的政策下设置不同资金，明确规定不同研究主体的资助情况、分配比例等，企业申请基金项目将在企业捐赠的资金中获得相应比例支持。

2. 建立符合基础研究规律的考核评价体系

充分考虑基础研究周期长、见效慢的特点，制定针对性的管理考核办法，对不同的基础研究项目设置合理的验收时间、方法、专家等，实行以研究成果对湖南创新驱动发展所体现的贡献度作为主要衡量标准。不鼓励将成果数量如发表论文数量等，作为研究者的职称考核指标。

3. 营造良好的舆论和科研环境

建立基础性、前瞻性研究项目容错机制，探索基础性、前瞻性研究项目的管理考核模式和方法，关注和重视未取得预期效果项目的研究过程和失败原因，打造鼓励创新、宽容失败、容错纠错的创新生态，充分激发创新主体活力。对于因客观因素未能完成研究任务的情况，应充分总结经验教训；对于因资源投入、组织管理等非技术性主观因素项目无法按计划完成或没有通过验收的情况，应进行惩罚。

参考文献

曾明彬、李玲娟：《我国基础研究管理制度面临的挑战及对策建议》，《中国科学院院刊》2019 年第 34 期。

佟宇竞：《广州基础研究创新的短板制约与战略思考》，《科技创新发展战略研究》2019 年第 12 期。

龚旭、方新：《中国基础研究改革与发展 40 年》，《科学学研究》2018 年第 12 期。

高杰：《狠抓基础研究重大科学工程，促进基础科学发展与技术创新》，《科学通报》2019 年第 1 期。

《关于全面加强基础科学研究的若干意见》（国发〔2018〕4 号）。

B.21
补齐湖南工程机械产业配套短板，
增强自主可控能力*

石海林　周海球　李维思　张小菁**

摘　要：　近年来，湖南工程机械产业总体规模不断增长、行业影响日益扩大、关键技术不断突破，已成长为湖南最具代表性的龙头产业。但同时也存在着配套产业发展滞后、核心零部件受制于人等问题。本文通过对湖南工程机械产业进行调研分析，并结合工程机械主机及零部件企业专家反馈意见，提出工程机械配套产业发展的政策建议及重点方向，能够为推进湖南工程机械产业高质量发展提供决策参考，助力湖南工程机械产业更快更高质量发展。

关键词：　工程机械产业　产业链　创新链　自主可控

习近平总书记在湖南考察时强调，要有序推进产业结构优化升级，加快发展优势产业，着力筑牢产业基础，推动产业链现代化。近年来，湖南工程机械产业规模不断增长、关键技术不断突破、行业影响日益扩大，已

---

* 本报告为2020年度创新型省份建设专项决策咨询重点项目"'十四五'高精尖产业技术及产业化战略研究"（2020ZL2002）的阶段性研究成果。

** 石海林，湖南省科学技术信息研究所助理研究员，主要研究方向为产业竞争情报、科技信息；周海球，湖南省科学技术信息研究所高级工程师，主要研究方向为产业竞争情报；李维思，湖南省科学技术信息研究所副研究员，主要研究方向为企业竞争情报、技术转移；张小菁，博士，湖南省科学技术信息研究所所长，主要研究方向为科技战略。

成湖南龙头产业之一。但该产业也长期存在本地零部件配套率低、关键核心技术受制于人等问题，因此大力提升工程机械配套能力是确保供应链自主可控、推动产业链现代化的关键，也是打造国家重要先进制造业高地的有力抓手。

一　国内外工程机械配套发展现状

从全球来看，国际工程机械核心零部件市场主要由美、日、德等传统制造业强国占领。液压件方面，行业集中度非常高，2019 年博世力士乐、派克汉尼汾、伊顿、川崎重工全球市场占有率分别为 19.7%、9.7%、7.2%、5.7%，四家企业占领全球近一半的市场份额。德国、丹麦在数字液压研究方面居领先地位，丹佛斯的 PVG 数字多路阀、力士乐数字主油泵等产品在工程机械领域已成功应用。发动机方面，欧、美、日发动机具有高效低油耗、低排放、高稳定性的特点，占据了国际高端发动机市场，行业巨头主要有德国曼恩集团、美国康明斯公司、英国珀金斯、瑞典沃尔沃集团、日本洋马等。电控系统方面，知名企业设计的电控单元可靠性、稳定性强，应用层算法精准，牢牢控制了行业高端市场，行业巨头主要有德国博世和西门子、日本电装、美国德尔福等。

我国工程机械配套件生产起步较晚，发动机、高端液压件、动力换挡变速箱、驱动桥等关键零部件大部分仍需要国际采购。随着国际竞争的加剧，国外供应商已采取限制措施，限制关键配套件的供应量，不断提高价格，拖延供货期，严重制约了我国工程机械行业的发展。近年来，我国工程机械核心零部件配套产业正在奋起直追，加速实现核心零部件国产化。发动机、臂架多路阀、平衡阀、螺纹插装阀、车桥、传感器等零部件已实现部分国产替代。如徐工自主研发制造的"千吨级轮式起重机伸缩液压缸"，突破了悬空式五边形滑道结构、长行程抗侧载导向等技术；潍柴动力突破了重型商用车动力总成关键技术，实现了整车动力性和经济性的同步提升。

二 湖南省工程机械配套发展现状

近年来，湖南将产业链建设作为制造强省建设的重要抓手，坚持以"链"化思维推进工程机械整体发展，着力为工程机械产业固链、强链、延链、补链，已形成了相对完整的工程机械产业链条。

（一）产业规模大

2019 年湖南省工程机械产业实现总产值 2994 亿元，约占全国市场的 1/3，其中长沙约占全球工程机械产值的 7.2%，是仅次于美国伊利诺伊州、日本东京的世界第三大工程机械产业集聚地。

（二）产品种类全

湖南是全球工程机械产业产品品种门类最齐全的区域，能生产 12 大类 100 多个小类 400 多个型号规格的产品，占全国工程机械品种总类的 70%。

（三）产业聚集度高

湖南工程机械产业拥有近 100 家规模企业、300 多家零部件配套企业，是全国最大的工程机械产业基地，形成了以长沙、湘潭、常德为整机制造中心，株洲、衡阳、娄底、邵阳、益阳等地为零部件配套的产业集群。

（四）产业创新资源集聚

目前湖南在工程机械领域拥有 4 家国家级企业技术中心、4 家国家级工程技术研究中心、1 家国家重点实验室和 11 家院士工作站等高水平创新平台。产业人才集聚效应明显，规模以上工程机械企业从业人员达 6.77 万人，占全国总从业人员的比重达 22%。

（五）多项关键技术获突破

目前行业已突破发动机、专用底盘、减速机、多路阀、油缸、泵等核心零部件关键技术，多项产品在省内实现了配套。如装载三一道依茨动力 D12 发动机的新车上市，三一泵车实现专用底盘的国产化、主流化。

三 湖南省工程机械配套存在的问题

在工程机械产业配套方面，湖南核心零部件设计、制造、试验检测能力不断提升，在实现进口件替代方面有了一些新的进展。但从行业整体来看，湖南工程机械产业仍存在"主机强、配套弱"现实，产业配套能力仍不能适应省内主机厂的发展需求。

（一）核心零部件本地配套率较低

湖南工程机械核心零部件大部分依靠省外甚至国外进口，省内配套率只有约33%。湖南工程机械主机厂在省内采购的多为技术含量低、附加值较低的零部件产品。

（二）零部件企业研发管理能力不足

湖南工程机械配套企业规模普遍较小，技术自主研发能力弱，精密机加工能力不足，产品质量和性能不高，管理水平有待提升。大部分零部件企业不具备为整机企业提供单个或多个完整功能部件的能力，只能为整机企业实行二、三级配套，难以进入一级配套供应商行列。

（三）核心零部件关键技术有待突破

对标世界先进水平，湖南工程机械关键零部件仍存在较大差距。如高压液压元件平均无故障工作时间为 600～1300h，距离国外的先进水平（≥6000h）有较大差距；400kW 以上发动机、大扭矩（2200N.M 以上）液力制动、机械制动变速箱、电比例控制阀、大排量马达、PLC 控制器、大型信息化软件等核心零部件及关键软硬件产品严重依赖进口。

（四）零部件配套企业未形成有效合力

目前湖南主机企业产品结构较为接近，产品质量、性能、价格等几乎处于同一层次，同质化竞争、低价竞争现象仍然存在，导致主机厂各自为政，供应链共享少，配套企业合作少。配套企业不愿投入大额资金开展技术攻关，导致中低端产品恶性竞争，高端基础零部件研发、制造能力严重不足。

四 湖南省工程机械配套重点方向

基于湖南工程机械配套需求，坚持有技术基础、产业带动性强的核心零部件优先发展的原则，瞄准关键基础材料、发动机及配件、液压系统及附件、传动系统、操作及控制系统等开展持续攻关，提高核心零部件配套水平，确保产业链供应链自主可控。

（一）关键基础材料方面

发展高品质特殊钢（耐低温、高耐候）、高强度大规格易焊接钢等先进钢铁材料，开发耐高温及耐蚀合金、高端装备用特种合金（高温长寿命低成本轴承合金）等。

（二）发动机及配件方面

开展柴油发动机关键技术攻关，突破增压技术、EGR 技术、燃烧技术、共轨喷射技术、排气后处理等关键技术，实现传感器、燃油系统及 ECU 等关键核心零件自主生产。

（三）液压系统及附件方面

一是高压柱塞泵。开展高压液压元件铸造、高压柱塞泵三大摩擦副（配流副、柱塞副和滑靴副）的材料、设计及精密加工等技术攻关，解决国产品牌可靠性差、稳定性不足、关键零部件使用寿命不足的问题。二是高压大流量多路阀。开展阀体材料铸造、热处理、加工、阀体动态特性测试等技术研究，解决多路阀可靠性差、平稳性不足及结构复杂等问题。三是主驱动密封。开展密封失效模式和磨损补偿机制等理论研究，突破密封新材料、制造工艺、复杂密封工况模拟等关键技术，研制高承压、长寿命、高可靠主驱动密封产品。四是重载高精度电液伺服控制系统。开展复杂施工环境核心驱动与控制器件可靠性关键技术研究，研制开发出抗振动冲击、高精度控制的多端口集成式智能控制元件。

（四）传动系统方面

一是减速机。开展大扭矩行星减速机结构设计、双速行星传动、卷扬减速机自由下放控制等技术研究，解决国产减速机噪声大、发热量大、体积大、重量大、功率密度低、故障率高等问题。二是车桥。开展三联车桥驱动、多桥协同转向、大直径液压钳盘制动及楔形制动等技术研究，解决国产车桥可靠性差、尺寸大、力矩小、使用寿命短等问题。三是大口径精密轴承。开展大口径轴承理论计算、结构设计、精密制造、无损磁粉检测、表面完整性精准检测、精密装配、等比例工况载荷模拟试验台等技术研究。

（五）操作及控制系统方面

一是传感器。开展 MEMS 传感应用技术、信号调理技术及传感融合技术等研究，研制开发准确度高、可靠性好、稳定性高的传感器产品，实现自检、自校、自补偿的功能。二是控制器。开展驱控一体化、模块化、轻量化、智能化等技术研究，设计高性能国产化 DSP 控制器，研制具备智能监测及智能安全辅助功能的产品。

（六）其他配套方面

一是"四轮一带"。开展行走系统履带板、负重轮、拖带轮和导引轮关键部件表层硫化橡胶挂胶技术研究，系统开展履带结构设计、材料选择和工艺设计研究，提高行驶平顺性和整车可靠性。二是高性能刀具。开展刀具磨损机理及影响因素研究，研究刀具材料成分、热处理工艺、成形工艺等制造工艺参数对刀具力学性能的影响规律，形成高性能、高硬度刀具的制造工艺流程。

五　相关政策建议

（一）抓关键技术清单梳理，统筹资源、集中攻关

加强顶层设计和创新资源统筹，全面摸清核心零部件、关键基础材料等对外依赖情况，选择既有研发基础又有现实需求的产品，制定技术攻关路线图，有计划、分步骤地实施一批重大科技项目，组织主机企业与高校、科研院所等开展联合攻关，突破一批"卡脖子"关键技术。落实"揭榜挂帅制"，进一步促进产学研用合作，加速科技成果向现实生产力转化。

（二）抓配套企业招引培育，提升产业本地配套率

围绕工程机械"强链、补链、延链、育链"，聚焦"卡链处""断链点"，积极引进海内外工程机械零部件知名企业，如液压件方面可吸引博世力士乐、川崎、伊顿、成都阀智宝、恒立液压等国内外知名液压元器件厂来湘设立研发制造中心。同时，加大对本地配套企业的技术、资金和管理支持，培育一批主营业务突出、成长性好、创新能力强、专注于细分市场的高新技术企业、小巨人企业及单项冠军企业，通过供应链横向、纵向整合，打造一批十亿级本地配套企业，做强做大本地零部件企业。

（三）抓共性平台设施建设，提升研发创新能力

支持行业领军企业，联合高校院所以及配套企业和上下游企业，组建高端工程机械创新联合体，创建工程机械制造业创新中心，开展产业共性基础

技术攻关和成果转化。突出基础性、引领性，在数据算力、液压件检测、疲劳耐久试验、综合工况试验等方面，布局建设若干重大科技基础设施和平台，以更好地服务研发创新。

（四）抓专业配套产业园建设，促进主配协同发展

以湖南工程机械产业布局为基础，以零部件配套项目为支撑，以差异化、专业化为特征，建设专业化零部件配套产业园，实现配套资源优化配置。加强工程机械产业集群协作能力，促进政府、主机企业、配套企业、第三方促进机构和专业服务机构开展多边联系、互利合作，提升产业集群整体效益。促进行业各主体在产业链、创新链和价值链中形成专业化分工，促进主机和配套企业整合同型号、同规格产品供应链，实现通用零部件配套共享，避免同质化竞争和重复投入浪费资源。

参考文献

《习近平在湖南考察时强调 在推动高质量发展上闯出新路子 谱写新时代中国特色社会主义湖南新篇章》，《新湘评论》2020 年第 19 期。

王长江：《液压元件及核心零部件细分市场研究报告》，《今日工程机械》2017 年第Z2 期。

B.22
国内学科交叉融合创新典型案例及湖南启示

郭小华 陈凯华 张小菁 刘 素*

摘 要： 当今世界，学科交叉不断催生颠覆性技术、引领重大产业变革，已成为我国实现关键核心技术自主可控、科技自立自强的重要保障。本报告围绕湖南省"三高四新"战略，系统梳理了我国高校院所、重点企业学科交叉创新典型案例，结合湖南省优势学科分布、科技领域布局等方面，针对性地提出湖南省学科交叉融合发展的若干对策建议。

关键词： 学科交叉 科技创新 融合创新 湖南

一 学科交叉融合创新是助推经济
社会发展的原动力

交叉学科是指不同学科之间相互交叉、融合、渗透而出现的新兴学科。2020 年 11 月，国家自然科学基金委员会成立交叉科学部，并于 2021 年 1 月发布《2021 年度国家自然科学基金委员会交叉科学部项目申报指南》。2021

---

* 郭小华，湖南省科学技术信息研究所副主任、副研究员，主要研究方向为科技战略；陈凯华，博士，湖南省科学技术信息研究所助理研究员，主要研究方向为区域科技战略；张小菁，湖南省科学技术信息研究所所长，主要研究方向为科技战略；刘素，湖南省科学技术信息研究所研究实习员，主要研究方向为科技战略。

年 1 月, 国务院学位委员会、教育部印发通知, 新设置"交叉学科"门类——成为中国第 14 个学科门类。

学科交叉融合创新是新学科体系建设发展的催化剂。2017 年 1 月, 教育部、财政部、国家发改委联合印发《统筹推进世界一流大学和一流学科建设实施办法(暂行)》, 明确提出"推进一流学科建设需进一步突出学科交叉融合和协同创新, 突出与产业发展、社会需求、科技前沿紧密衔接", 揭示了新形势下学科建设与学科交叉融合之间的内在逻辑关系。2018 年 1 月, 国务院印发《关于全面加强基础科学研究的若干意见》, 明确指出了"完善学科布局, 鼓励开展跨学科研究, 促进自然科学、人文社会科学等不同学科之间的交叉融合; 聚焦未来可能产生变革性技术的基础科学领域, 强化重大原创性研究和前沿交叉研究"。2020 年 3 月, 科技部、国家发改委、教育部、中科院、自然科学基金委印发《加强"从 0 到 1"基础研究工作方案》, 进一步强调了"坚持学科建设的主方向, 推进跨学科研究, 强化学科交叉融合, 培育新的学科发展方向", 并提出量子科学、极端制造、纳米科学等 15 个基础研究交叉原创重点领域。2020 年 5 月, 教育部办公厅印发《未来技术学院建设指南(试行)》, 强调要坚持"主动打破传统专业学科壁垒, 推动专业学科交叉融合, 促进理工结合、工工交叉、工文渗透、医工融合等, 鼓励各高校依据学科优势特色, 聚焦一个或多个未来技术领域, 构建协调可持续发展的专业学科体系, 促进基础、应用等学科复合, 主动应对经济社会发展变化, 主动引领前沿技术发展趋势, 探索人才培养新模式"。

学科交叉融合创新是实现关键核心技术自主可控、科技自立自强的奠基石。实践证明, 关键核心技术是自主创新的命脉, 关键核心技术攻关迫切需要推进学科交叉融合和跨学科协同性创新, 而非依赖于某一项先进的单点技术。例如, 一台芯片光刻机系统的研发需要光学、数学、物理学、微电子学、材料学与精密机械及控制等多学科团队的交叉协同, 需要在结构、器件、工艺及检测等领域攻克一系列核心科技难题。习近平总书记 2020 年 5 月 29 日在给袁隆平、钟南山、叶培建等 25 位科技工作者代表的回信中指出，"要坚定创新自信，着力攻克关键核心技术，促进产学研深度融合，勇于攀登科技高峰"。湖南省委十二次全会把推进关键核心技术攻关作为打造具有核心竞争力的科技创新高地的举措之首，着力确保服务国家重大需求、服务产业链安全稳定、培育未来产业、服务改善人民生活品质。

学科交叉融合创新是我国产业基础高级化、产业链现代化的关键。实践证明，新兴产业的发展离不开学科交叉融合创新。以人工智能产业为例，其不仅融合了数学、物理学、生物学等基础学科，更兼容了软件工程、控制科学与工程、机械工程、计算机科学与技术、安全科学与工程等多个应用学科，是学科交叉融合创新发展的集中体现，其中某一个学科的缺失，就会导致新兴产业发展基础的不稳固，进而造成产业基础薄弱，产业链断链、短链、缺链的现象。2019年7月，教育部学位管理与研究生教育司公布了4份名单，分别是学位授予单位（不含军队单位）自主设置二级学科和交叉学科名单、普通高等学校自设交叉学科名单、中共中央党校（国家行政学院）系统及科研院所自设二级学科名单、中共中央党校（国家行政学院）系统及科研院所自设交叉学科名单。名单的出台将交叉学科与新兴产业发展紧密融合在一起，构建起"交叉学科＋新兴产业发展联合体"，为我国产业基础高级化、产业链现代化注入强大动能。党的十九届五中全会进一步明确指出，要坚持把发展经济着力点放在实体经济上，提升产业链供应链现代化水平。产业是实体经济的主体，是立国之本、强国之基，要推动科技创新与产业深度融合，打好产业基础高级化和产业链现代化攻坚战。

学科交叉融合创新是深化产教融合创新范式的融合剂。2019年10月，国家发改委、教育部等6部门联合印发《国家产教融合建设试点实施方案》，提出"试点布局50个左右产教融合型城市，建设培育1万家以上的产教融合型企业，建立产教融合型企业制度和组合式激励政策体系；深化产教融合，促进教育链、人才链与产业链、创新链有机衔接，是推动教育优先发展、人才引领发展、产业创新发展、经济高质量发展相互贯通、相互协同、相互促进的战略性举措"。系统引导高校、地方政府、行业企业共建产教融合创新平台，协同开展关键核心技术人才培养、科技创新和学科专业建设，打通基础研究、应用开发、成果转移和产业化链条，实施方案同时将湖南省列入产教融合建设试点计划。湖南省积极响应国家在学科交叉融合创新方面的号召，也出台了相关指导政策文件。2019 年 2 月，湖南省人民政府办公厅印发《关于深化产教融合的实施意见》，提出在湖南省"实施产教融合工程，建立有湖南特色的紧密对接产业链、创新链的学科专业体系"。

二 国内学科交叉融合创新经典案例及启示

（一）交叉学科深度融合为高校新学科建设插上腾飞的翅膀

北京大学前沿交叉学科研究院（简称"北大交叉院"）成立于 2006 年 4 月，是我国学科交叉引领新学科建设的试验田，其下设 10 个交叉学科研究机构，涵盖六大学科领域。上海交通大学材料基因组联合研究中心（简称"上交材料中心"）成立于 2015 年，其融合上海交通大学在材料、化工、物理、信息、机械与动力学科领域的优势力量，为交叉学科发展、新学科建设注入强大动能。

一是明确组织管理，形成扁平化模式，为新学科建设提供组织制度保障。北大交叉院与上交材料中心均实行理事会领导下的中心主任负责制，并由院士领衔组建党政工团及学术委员会。在科研组织与管理方面，设立交叉学科研究中心分领域开展研究，形成了中心、平台、创新团队三个层级的科研体系。二是人事管理与人才培养实行双独立模式，为新学科建设提供人才保障。北大交叉院与上交材料中心均面向全球发布硕博研究生招录信息，招录专业实行全专业招录模式，并对报考者实行"申请＋考核制"入学审查，每名硕博研究生均配备 1～3 名科研导师，导师均来自学校各二级学院，并采用"固定＋流动"PI 制度，聘用科研人员的原有挂靠机构不变，并推行交叉中心学术绩效向挂靠单位结算制度。三是新学科建设成绩斐然，基础研究成果突出。官网统计数据显示，北大交叉院及上交材料中心年均发表前沿领域顶尖 SCI 期刊论文 100 余篇，毕业博士 90% 以上在国内外知名高校及科研院所任职。

（二）校际交叉学科联合体为基础研究能力提升、新技术孵化、打造原始创新策源地提供动力源泉

2011 年 4 月，由教育部、科技部、财政部组织，清华大学与北京大学积极配合，组建了清北生命科学联合中心。

1. 高位推动促成高校学科交叉联合体

在国家相关部委的指导下，成立了由国家部委主管部长领衔的联合中心协调领导小组以及由清华校长、北大校长、相关司局领导组成的改革试点建设指导小组。两个小组的成立为联合中心试点改革提供了根本保障，为后续基础研究原始创新提供引领支撑。

2. 人事科研工作具有绝对自主权

联合中心在人才招聘与考核、科研与教学等方面享有绝对自主权，其内设独立实验室、实验室负责人（PI）和支撑部门。联合中心实行 PI 负责的独立科研培养机制，并由办公室提供运营服务，科研平台提供技术支持。目前已建成国家蛋白质科学中心大科学装置。

3. 基础研究出佳绩，新技术不断实现创新突破

2020 年，联合中心在 *Science*、*Nature*、*Cell*（含子刊）发表论文 20 余篇，实现了 4 项"世界第一"的技术突破，成为颠覆性技术萌发的摇篮、基础研究原始创新的发源地。

（三）校企学科交叉融合为产业基础高级化、产业链现代化、产教融合创新模式改革提供不竭动力

自 1997 年以来，华为公司不断加强与双一流高校的交叉科学合作研究，主要有以下三种模式：一是创新需求驱动。通过设立"华为 + 高校"联合实验室，开展前沿交叉学科领域基础研究合作，实现企业基础研究及原始创

新目的。二是成果转化驱动。通过技术转让等方式为企业引进高校成果，为企业的发展输送技术。三是人才培养驱动。通过高端科技人才引育的方式为企业培养高素质的后备军，加快企业发展的步伐。

三　推进湖南省学科交叉融合创新的对策建议

（一）以学科交叉融合创新发展为驱动力，持续推动湖南省高校新学科建设

1. 依托优势学科，推动高校设立交叉科学学院

依托湖南省双一流高校 A 类学科优势，探索建立涵盖理、工、医、管四大学科，以"材料＋信息＋医学＋机械＋控制工程"为核心，"数学＋物理＋化学"为基础的交叉科学学院，深度赋能湖南省学科建设、产业发展。

2. 创新体制机制，赋予交叉科学学院科研与人事自主权

系统推广交叉科学学院自主招生制度，并设置"固定＋流动"实验室负责人（PI）岗位，固定岗位由高校院士、教授担任，流动岗位面向全球选拔各领域顶尖院士、学者加盟。固定 PI 原挂靠机构不变，采用科研绩效挂靠流转模式；流动 PI 参与高校职称评定等工作，并赋予职务科研成果使用权和自主权。

3. 大胆探索实践，构筑交叉科学学院新的人才培养模式

面向全球招录复合专业背景硕博研究生及博士后，为每位研究生配备多名不同学科导师开展交叉学科研究，实现交叉学科知识技能储备。

（二）高位推动高校校际交叉学科创新联合体建设，打造基础研究的湖南新范式

1. 高位推动，建设大科城高校交叉科学创新中心

由省政府牵头，成立由主管副省长担任组长，教育厅、科技厅、财政厅厅长担任副组长，中南大学、湖南大学、湖南师大、国防科大等校校长、副

校长为组员的学科交叉创新中心建设协调领导小组。成立由中南大学、湖南大学、湖南师大、国防科大等校校长为组长的学科交叉创新中心建设指导小组，负责协调学科交叉创新中心宏观建设事宜。充分发挥湖南省第一届科技创新战略咨询专家委员会的高端咨询作用，成立科学咨询委员会。成立学科交叉创新中心建设执行委员会，由校长担任委员会主任，以常务副校长和主管副校长为副主任，校办、学科、科研、人事、研究生院、教务、财务、国际合作、实验室与设备等相关职能部门和组成学院负责人为委员，高位推动建设大科城高校学科交叉创新中心。

2. 汇集资源，打造优势学科交叉研究集群

目前湖南省双一流高校拥有 A 类学科 25 个，超过 34 个学科进入 ESI 前 1% 行列。优势学科的密集分布为打造校际交叉创新研究集群提供了良好的条件。建立学科交叉研究集群需坚持问题导向，关注前沿领域重大科学问题，同时注重"人文 + 理工"交叉学科在研究和人才培养上的突破性发展，寻找交叉科学领域新增长点。

3. 主动谋划，争取大科学装置在湘布局

大科学装置对于交叉科学基础研究、原始创新起着关键作用。湖南省应积极主动对接国家相关部委、中科院、工程院等大院大所，依托优势学科，以国家重点实验室重组为契机，谋划同步辐射光源、P3 实验室等大科学装置在湖南省布局，实现在大科学装置建设上零的突破。

4. 积极探索，建立"政府引导 + 科研众筹"经费筹措管理模式

探索建立"政府引导 + 科研众筹"经费筹措模式，由政府设立高校交叉科学引导基金，参与高校通过协商按照一定比例出资，建立高校交叉科学基金库，同时成立基金管理中心，由各高校主管副校长担任基金管理中心主任，各高校财务部门指定专人负责基金的相关调度工作。在进行交叉科学项目研究时，采用 PPP 模式，在众筹平台上发布科研项目，由基金库领投，再由社会团体、企业或个人跟投。科研项目研究成果按智力付出和出资比例分享，从而实现多赢的局面。

（三）系统布局"高校＋企业"交叉学科联合创新中心，为湖南省产业腾飞开新局、谋新篇

1. 以需求为导向，布局"高校＋企业"交叉学科联合创新中心

积极谋划布局，依托湖南省千亿、万亿级优势产业，发挥企业创新主体作用，以湖南省2021年两会确定的十大技术攻关项目和十大产业项目为指引，建立以湖南省龙头企业需求为导向，以大科城交叉科学基础研究为基底的产学研交叉学科联合创新中心。

2. 完善协同创新机制，推动建立校企产学研合作长效机制

积极引导大科城高校科学家将企业技术问题转化为基础研究科学问题，鼓励校企人才交流，推动建立校企产学研合作长效机制。设立校企交叉学科中心，将其作为大学和企业分享研究资源和知识、实现知识孵化技术、技术催生产品的重要枢纽。

3. 优化协同创新环境，激发联合创新中心基础研究活力

省政府出台关于建立大科城联合创新中心的政策性文件，并统一校企产学研合作政策口径，制定实施细则，优化协同创新环境，形成高效高端科技供给。给予校企联合创新中心开展基础研究的宽容空间和相对较长的考核时间段，考核应充分考虑无形的科学知识产出效益以及国家、地方产业发展的战略需求和深远影响，克服唯产值和利润等实体性指标倾向。

4. 大胆探索创新，建立"政府＋高校＋企业"经费筹措管理模式

由政府设立校企交叉学科联合创新协作种子基金，引导企业、高校通过协商设立交叉科学研究基金，并由企业、高校指派专人共同负责基金使用、管理工作。鼓励高校、企业共享科研成果，企业可直接进行科技成果转化。

参考文献

Hans Wortmann, Harinder Jagdev, "40 years computers-in-industry: Applied interdisciplinary research", *Computers in Industry* 2020，123。

Guohua Chen, Xiaofeng Li, "Developing a talent training model related to chemical process safety based on interdisciplinary education in China", *Education for Chemical Engineers* 2021，34。

宋亚男、宋子寅等：《多学科交叉融合的工程人才培养模式探索与实践》，《实验技术与管理》2020 年第 9 期。

董樊丽、张兵等：《高校学科交叉融合创新体系构建研究》，《科学管理研究》2019 年第 6 期。

B.23
夯种业之基，筑农业之"芯"

——湖南省现代种业发展调研报告

邬亭玉　谭力铭　姚　婷　李维思　黄梅花*

摘　要：　国以农为本，农以种为先。种子是现代农业的"芯片"，是确保国家粮食安全和农业农村高质量发展的"源头"。为贯彻习近平总书记重要指示，摸清湖南省现代种业产业发展现状，课题组先后对湖南省相关科研单位、种业企业等进行了走访调研。调研发现，湖南省种业基础好、特色明、潜力大，尤其是杂交水稻"一骑绝尘"，已形成领跑全国、辐射亚太、影响世界的发展势头。在新一轮世界种业变革中，应立足自身特色和优势，抢抓机遇，加快建设现代种业强省。

关键词：　现代种业　生物育种　粮食安全　农业　湖南

一　世界种业格局悄然变革

当前，世界处于百年未有之大变局，国际种业变革风起云涌，国内种业改

---

* 邬亭玉，湖南省科学技术信息研究所助理研究员，主要研究方向为科技信息情报、产业竞争情报；谭力铭，湖南省科学技术信息研究所助理研究员，主要研究方向为科技信息情报、产业竞争情报；姚婷，湖南省科学技术信息研究所助理研究员，主要研究方向为科技信息情报、产业竞争情报；李维思，湖南省科学技术信息研究所副研究员，主要研究方向为科技信息情报、产业竞争情报；黄梅花，湖南省科学技术信息研究所助理研究员，主要研究方向为科技管理。

革纵深推进，国内外形势正在发生深刻变化，湖南省现代种业机遇与挑战并存。

从全球发展态势来看，各国政府和跨国企业高度重视种业科技创新能力建设，种业已成为发达农业国家国际竞争力的重要支撑。一是国际种业寡头垄断格局加剧。全球种业正经历新一轮科技革命，国际种业巨头强强联合，抱团发展，掀起新一轮重组浪潮。德国拜耳以 660 亿美元收购美国孟山都成为世界种业巨无霸，美国陶氏和德国杜邦合并诞生市值超 1500 亿美元的超级企业，并在大中华区成立新的种业公司科迪华。同时，中国化工以 460 亿美元收购瑞士先正达，中信农业和隆平高科以 11 亿美元收购陶氏益农的巴西玉米种子业务，中国资本正式走向世界舞台，隆平高科、先正达—中国化工均进入全球种业十强。并购浪潮背后，金融导向愈发明显，推动种企全球布局和急速扩张，世界种业形成了以农化集团为基础，以拜耳、陶氏杜邦、中化＋先正达、利马格兰为首的四大集团。二是生物育种技术制高点争抢激烈。以"生物技术＋信息技术"为特征的第四次种业科技革命，推动种业研发、生产、经营、管理发生深刻变革；以基因编辑为代表的技术进步，使育种定向改良更加精准便捷；以跨国企业为代表的研发平台集成了生物、信息、智能技术，品种"按需定制"成为现实。现代种业的竞争优势已转向研究方式的集约化、规模化、生物技术产业化，美国、英国等发达国家相继制订了有关生物技术发展的战略计划，种业领域的国际竞争进入白热化状态。三是全球种业市场规模稳步增长。根据世界农化网统计，2018 年全球种子市场规模达到597.1 亿美元，近 10 年以 7％ 的复合年均增长率不断增长。预计到 2024 年全球种子市场规模将达到 903.7 亿美元。

从我国发展态势来看，我国种业发展取得较大进步，但与国外种业相比，我国种业尚不成熟，仍存在较大差距。一是我国种业市场为千亿规模，居世界第二。1999～2019 年，我国种业市场规模从 330 亿元增长至 1370 亿元，年复合增长率达 7％，预计 2020 年种业市场规模将超 1500 亿元，保持世界第二大种子市场地位。二是种业主体加速成长，"持证"企业逐步增多。自2016 年《农作物种子生产经营许可管理办法》实施，实现了"两证"合一后，全国持证企业数量逐年增加。2019 年，全国持有效种子生产经营许可证的企业有 6229 家，同比增长率达 10%。三是自主选育能力逐步提升，但核心技术仍受制于人。种业企业自主研发能力有所提高，自主选育新品种的比例有所提高，良种在我国农业增产中的贡献率达 45% 以上。目前我国水稻、小麦、大豆、油菜等大宗作物生产用种 100% 为我国自主选育的品种，玉米自主研发品种面积比例达到 90%。种业具备了较强的抵御国际风险的能力。

二 湖南省种业发展基础与优势

（一）湖南省种业创新基础

近年来，湖南省种业创新基础较好，助力发展加快。

一是种业科研人才荟萃。我国种业领域共有院士 75 人，北京由于聚集了中国农科院、中国杂交水稻研究所等一批国字号科研院所，院士人数遥遥领先，高达 21 人，处于第一梯队。湖南、湖北、山东均为 6 人，江苏 5 人，处于第二梯队。上海 4 人，福建、广东、浙江、新疆等均为 3 人，处于第三梯队。从院士分布来看，湖南省汇聚了"杂交水稻之父"袁隆平、"油菜院士"官春云、"辣椒院士"邹学校、"茶叶院士"刘仲华、"生猪院士"印遇龙、"鱼院士"刘少军 6 名领军院士。湖南的院士天团在全国具有一定分量，创新底蕴深厚。

二是创新平台支撑有力。湖南省现代种业产业具有良好的科研基础平台与基地建设基础，拥有 14 个国家级研发机构，在全国位居第三，排在北京（25 个）、山东（18 个）之后。拥有国家重点实验室 2 个，国家工程实验室 5 个，国家工程技术研究中心 3 个，国家企业技术中心 1 个，省部共建重点实验室 3 个。

三是企业主体势头强劲。从上市企业数量来看，湖南在全国也处于领先地位。全国共有种业上市企业 378 家，排名第一的为广东（31 家），其后为山东和江苏，均为 24 家，安徽以 23 家排名第四，湖南共 22 家，排名第五。

（二）湖南省种业产业优势

从农作物、畜禽水产、林果花草、微生物四大细分领域来看，各品种发展势头强劲。杂交水稻"独占鳌头"，油茶、辣椒、生猪、油菜优势显著，柑橘、茶叶、中药材、楠竹、家禽、草食动物、水产、微生物各具特色。

1. 农作物领域综合实力世界闻名

（1）品种研发引领前沿。湖南省超级稻高产育种攻关相继突破亩产700公斤、800公斤、1000公斤、1149公斤的大关，创造了1530.76公斤世界纪录；2016～2019年，湖南省通过国家审定的杂交水稻品种共计408个，占全国杂交水稻总数的47.0%，其中绿色优质品种占全国绿色优质杂交水稻总数的60.6%。此外，湖南省种企逐步成为创新主体，企业水稻审定品种占国审和省审的比重分别达98.9%、88.0%；辣椒在全国率先育成首个胞质雄性不育系9704A；油菜育成全国第一个优质、第一个高抗菌核病品种，"双低"油菜普及率达95%，杂交油菜普及率达85%；选育了"黄金茶""槠叶齐""碧香早"等茶树良种31个，其中国家级良种7个。

（2）良种繁育全国第一。在国家认定的31个国家级杂交水稻制种基地市县中，湖南省拥有9个，杂交水稻常年制种面积为45万亩左右，占全国杂交水稻制种面积的40%以上，年产杂交水稻种子1亿公斤，约占全国总产的45.5%，成为全国杂交水稻种子产销第一大省；辣椒种子占全国市场的份额为20%～30%。

（3）种企实力独领风骚。湖南省拥有省级生产经营许可农作物种业企业43家，"育繁推一体化"企业6家，AAA级企业27家。龙头企业隆平高科2019年研发投入4.12亿元，占销售收入的13.2%，其杂交水稻种子在全国市场份额达30%，居全球之首，为中国种业第一，跻身世界种业前九。辣椒种子在全国市场份额达25%，居全球首位。杂交辣椒、杂交黄瓜、杂交食葵、杂交谷子种子产销量居全国第一。潇湘绿茶、湖南红茶、安化黑茶、岳阳黄茶、桑植白茶等茶叶品牌在全国赫赫有名。

2. 畜禽水产领域特色品种全国领先

（1）生猪品种享誉全国。湖南是生猪养殖和调出大省，生猪外销和中仔猪出口均居全国第一，生猪出栏量和活大猪出口均居全国第二，鲜冷冻猪肉出口居全国第五。湖南省拥有种猪场 150 个、原种猪场 26 个，生猪年出栏量达 6100 万头，宁乡花猪、桃源黑猪等六大优质湖南地方种猪享誉全国。自主选育的瘦肉型猪新品种——湘村黑猪，被认定为国家级新品种，为全国五大生猪品牌之一。

（2）地方特色家禽品种丰富。攸县麻鸭、溆浦鹅、武冈铜鹅、临武鸭、炎陵白鹅、雪峰乌骨鸡、湘黄鸡、桃源鸡、道州灰鹅等 9 个禽类地方品种入选国家畜禽遗传资源保护名录，拥有 1 个国家级肉鸡良种扩繁推广基地，石门土鸡享誉全国。

（3）草食动物产业发展迅速。湖南拥有湘西黄牛、湘南黄牛、滨湖水牛、湘东黑山羊、马头山羊等优良地方品种，其中湘西黄牛入选国家畜禽遗传资源保护名录，建有国家级湘西黄牛资源场 1 个、国家肉牛核心育种场 1 个、国家级种公牛站 1 个。

（4）水产种业繁育体系健全。湖南省已建成国家级—省级—市级—县级—企业多层次良种繁育体系，现有原良种繁育场 420 家，其中有全国现代渔业种业示范场 5 家、国家级原良种场 4 家、省级良种场 42 家、市级良种场 36 家，建立了 36 个国家级种质资源保护区。

3. 林果花草领域品种、品牌丰富

（1）油茶产业全国领先。湖南省油茶产业规模大且高产，2019 年油茶产业产值 471.62 亿元，油茶林面积 2169.98 万亩，油茶籽产量 110 万吨，均保持全国第一。邵阳、衡阳、常德、怀化等多地形成了油茶产业带，规模以上油茶加工企业达 427 家，培育了"湘林""三华""四霞"系列优良品种 110 余个，其中 14 个被列入"全国油茶主推品种目录"。

（2）以柑橘、猕猴桃为代表的水果产业发展迅速。湖南省是全国柑橘主产区，柑橘种植面积和产量占全国的比重均超过七成，柑橘类保存品种达800 余份，无病毒原原种 300 余份，已初步形成了湘南脐橙、湘西椪柑、雪峰蜜橘和湖南冰糖橙四大主导鲜果产品。另外，2019 年湖南省猕猴桃栽种面积已突破 30 万亩，产量达 31 万吨，产值达 12 亿元以上，栽培区域覆盖全省 14 个市州，已成为湖南省山区脱贫致富的支柱产业之一。

（3）花卉苗木产业发展潜力巨大。湖南省着力推进紫薇、桂花、红继木等木本花卉和特色兰花等草本花卉的发展，其中紫薇育种及产业化均居全国第一。2019 年全省花木种植面积 165.82 万亩，年销售额 139.95 亿元，种植面积、产业规模和综合实力位居全国前十。湖南省竹产业拥有中国驰名商标 4 个，国家地理标志证明商标 2 个，省名牌产品 7 个。

（4）中药材资源丰富。林下中药材产业发展基础良好，2019 年湖南省林药种植面积近 700 万亩，约占林下经济总面积的 23%。全国 361 个常用中药材品种中，湖南省占 241 个，居全国第 2 位，其中"湘靖 28"覆盖全国 90% 以上茯苓产区，兽用中药材培育走在全国前列。

4. 微生物领域发展前景可期

（1）食用菌产业发展迅速。湖南省已形成以香菇、平菇、茯苓、杏鲍菇等大宗食用菌为主，兼有羊肚菌、竹荪、黑皮鸡枞、鹿茸菇等特色珍稀食用菌的产业结构。20 个规模以上食用菌商品基地县中，产值过亿元的基地有 6 个，从业菇农有 70 余万人。2019 年湖南食用菌总产量达到 85 万吨，产值为 68 亿元。

（2）农用微生物初见成效。全省共有农用微生物类高企 20 家，其中2019 年营收过亿元的高企有 7 个，产品主要集中于微生物肥料。

三 湖南省种业发展面临的问题

尽管湖南省种业优势强，特色明，亮点多，但客观来看种业总体处于发展的初级阶段，发展方式还比较粗放，不平衡不充分问题相当突出。

（一）创新管理和运行机制尚需健全

第一，创新体制机制仍不完善。科研院所与种业企业创新功能分工不明，种业资源利用率低，研发重心失衡，低水平重复研究现象突出。科企缺乏有效协作，技术、资源、人才向企业流动不畅，科研创新成果技术成熟度低，同产业化实际需求差距较大，科技成果转化困难、效率低，难以形成产业规模。第二，创新主体地位不突出。目前，跨国种业公司采取的都是以企业为主导、育繁推一体的商业化育种模式，这一模式使前期研发与后期推广相互促进，形成了高投入、高产出、高回报的良性循环。但目前湖南省育种创新的主要力量都在科研院所，大多数技术设备也都在科研院所。而作为商业化育种主体和应用性创新主体的种业企业，由于缺乏人才、种质资源和资金，品种研发能力严重缺失，即使是目前涌现的育繁推一体化种子企业，其育种创新能力也相对较弱。

（二）种业自主创新存在明显短板

首先，育种技术手段比较落后。国际种业早已进入分子育种、工厂化育种阶段，湖南省仍以常规育种手段为主，靠眼看，靠手摸，分子标记开发与辅助选择、种间杂交与胚拯救、花药培养与遗传转化、基因编辑与分子育种等技术应用少。其次，优异核心种质创制薄弱。普通品种多，优质专用品种少；感病虫品种多，绿色品种少；资源消耗型品种多，节约型品种少。尤其是优质特色品种缺口大，二级以上优质稻仅占总数的10.2%。同时，适应剁椒加工的高产品种，"三高"优质油菜品种，黑茶、黄茶、红茶专用品种稀缺，自治州劣质柑橘面积高达70%。最后，部分种子依赖进口严重。西兰花、番茄等蔬菜种子市场绝大部分是"洋种子"。湖南省近十年从国外引进种猪9万余头，国外家禽种苗一度占据80%以上市场。水产名优苗种不到15%，远低于湖北、广东、江苏等省，虾、蟹、鳜、鲈等苗种需要从外地引进。

（三）企业辐射带动和布局建设亟待加强

首先，龙头企业辐射带动力不够。大部分现代种业企业仍处于规模很小、层次不高、产业聚集度低的局面，湖南省205家种业高企中仅5家企业产业规模突破10亿元。另外，虽然种子生产经营单位数量众多，但仅隆平高科一家独大，《2019－2020年全国重要农作物种子产供需形势与种子市场监测报告》显示，湖南省仅1家入围中国种业20强，对比安徽、黑龙江、东北等农业大省均有2～3家企业入围。其次，育繁推一体化企业不足。湖南省及长沙市种业市场仍然处于零散型完全竞争状态，真正具备育繁推一体化的种子企业太少。全国经审批认定企业共94家，湖南省仅6家上榜，相较于北京13家、山东11家仍有差距，其中隆平高科技园作为"种业硅谷"仅3家上榜。最后，种业服务领域企业结构较为传统。种业服务领域延伸不足。大部分种业服务企业仍从事传统的饲料、化肥生产，产业结构亟须升级，缺乏设施农业、农业大数据、智慧农业等新兴种业服务领域的龙头企业。

（四）种业创新人才存在断层现象

第一，中青年创新人才断层严重。90%以上科研育种人才集中在科研院所和高等院校，且年龄普遍偏大。当前湖南省虽然有6位院士领衔，但优秀中青年科技领导人才相对匮乏，存在断层现象，特别是在种业企业第一线从事创新工作的中青年科技工作者不多，从事商业化育种的人才紧缺。第二，复合型、创新型、专业型人才差距巨大。种业从业人员知识水平偏低，大部分只能从事简单的种子生产与销售工作，隆平高科2019年有研发人员510人，但省内其他种业企业自主研发人员基本未突破百人。相较于跨国种业公司新拜耳年农作物研发人员数量（1950人），湖南省企业专业种业人才缺口巨大。

四　湖南省种业发展的对策建议

我国种业正在加快抢占世界种业科技制高点，由跟跑向并跑、领跑跨越，由种业大国向种业强国转变。湖南省作为传统种业大省，亟待把握机遇，积极对标国家现代种业发展战略，全面提升种业创新能力，为种业强省战略提供科技支撑。

（一）加强顶层设计，研究出台行业政策与法规

加强顶层设计与组织协调，完善和优化现行相关制度和政策，营造良好的种业创新发展环境。

1. 加强顶层设计

对标国家种业发展战略，强化机制创新，系统部署实施湖南省"现代种业科技重大专项"，推进种业育种技术创新、优异基因挖掘、育种材料创制、种子（苗）生产加工等核心关键技术自主创新。从政策和项目上引导坚持"农作物领域保持国内领先，畜禽水产、林果花草领域打造湖南特色，微生物领域补齐短板"，做好资源保护、品种创新、良种繁育、产业发展等全链条设计。

2. 完善和优化现行种业相关制度和政策

制定针对种业自主创新工程成果市场准入的专项支持举措，建立品种审定的"绿色通道"，加快成果的市场准入；严厉打击对种业创新成果的侵权行为，有效保护知识产权与技术秘密。

3. 发布现代种业产业创新地图，实施精准引智招商

围绕产业上中下游，按照"强链—补链—延链"原则，跟踪全球顶尖机构与团队，研究形成引智地图、企业地图，按图索骥实施精准引智，招揽全球顶尖研究团队与科研人才。

（二）加快项目布局，突破种业发展技术瓶颈

科技厅牵头，制定湖南省现代种业重点项目布局方案。

1. 开展优质基因挖掘与种质创新

以湖南省优势和特色种业品种为对象，调动和集中各方面优势资源，开展良种研发大协作、大攻关。加快建设种质资源库（圃）、水稻分子育种平台、南繁科研育种园，完善表型鉴定与基因型鉴定、特异基因挖掘与种质创制相结合的评价创新体系，培育重大突破性新品种和新产品。

2. 攻关一批关键核心技术

结合现代生物科技技术理论和种业发展需求，在 CRISPR/Cas 基因编辑、畜禽核心优质种源培育、种质资源精准鉴定、基因组选择等技术方面，突破一批具有湖南特点的、有强大竞争力、广泛影响力的科技创新成果，实现种业关键核心技术自主可控。

3. 布局科技创新重点研发项目

瞄准世界科技前沿领域，聚焦国家和省农业重大战略需求，设立"揭榜挂帅"技术攻关项目。重点聚焦第三代杂交水稻、镉低积累水稻、优质专用突破性水稻新品种、畜禽良种等方面，研发选育一批绿色生态、优质专用、适宜全程机械化的突破性农业生物新品种。

（三）搭建创新平台，激活种业发展内生动力

创新平台是科技创新的重要支撑。

1. 筹建岳麓山种业国家实验室

围绕保障国家种业安全和种业发展的重大科学问题和关键核心技术，依托岳麓山种业创新中心，加强与中信集团合作，对标国家实验室要求，建设岳麓山种业国家实验室。

2. 布局建设特色产业重大技术创新平台国家重点实验室

整合现有优势资源，突出水稻、油茶、辣椒、生猪、油菜等产业特色，统筹建设一批有湖南农业特色的标志性大科学平台、大科学中心，优化布局并稳定支撑一批基础性、长期性科学实验台站和数据中心。支持隆平高科、华智生物等重点行业的龙头骨干农业科技企业独立或者与高校、科研院所联合建设省级、国家级工程技术研究中心。

3. 建设湖南省农业种质资源创新数据库

按照国家及湖南省农业种质资源保护利用工程统一部署，联合省内外优势力量，以湖南省农业优势物种为重点，建成国际领先、国内唯一的涵盖多物种的基因组、表型组和生态环境因子的种质资源综合数据库。

（四）壮大产业集群，培育种业发展竞争优势

结合湖南种业发展需求，加快提升现代种业的自主创新力、企业竞争力、产业支撑力。

1. 打通产学研合作通道

构建以市场为导向、以企业为主体、产学研结合的种业创新体系，形成公益性研究和商业化育种融合并进的"大商业化创新体系"。科研单位作为基础性研究的主要承担者，加强种质资源保护利用与种质创新、基础理论研究和颠覆性技术突破，取得一批重大科研成果专利；企业作为商业化育种的承担者和主体投资者，加快推进良种联合攻关，打通上中下游创新链条，推动具有重大应用价值的新基因、新材料、新品系、新品种应用推广，带动种业产业产值超过 500 亿元。

2. 做大做强领军企业

支持奥谱隆、桃花源、雪峰种业等育繁推一体化企业继续做大、做优、做强，孵化培育一批科创板上市公司，助推隆平高科进入全球种业 5 强。鼓励有实力的种业企业如新五丰、省茶业集团、大湖水殖等"走出去"开展国际并购，在境外建立研发机构，开展"属地化"研发，参与种业国际竞争，提高湖南省种业影响力。

3. 壮大升级产业集群

以水稻、油茶、辣椒、生猪、油菜等优势产品及柑橘、茶叶、中药材、楠竹、家禽、水产、微生物等特色产品为主攻方向，以隆平高科园为基地，充分发挥科研院所和种业企业集聚效应，形成生物育种技术及产业集聚区，不断提升湖南省种业协同创新能力，立足湖南，辐射全国，着力打造具有国际影响力的种业集群，打造中国"种业谷"。

（五）加快人才引育，为产业发展提供人才储备

1. 加大高层次中青年种业人才培养力度

面向全省选拔在现代种业突破关键技术、取得重大研究成果、具备院士

培养潜质的优秀中青年种业专业人才，打造培养本土高层次中青年种业院士后备人才队伍。围绕院士后备人才制订培养计划，为其创造宽松便利条件，通过重大项目支持、聘请合作导师、保障团队建设、搭建创新平台等，助力院士后备人才取得重大、系统、创造性成就。

2.建立多渠道复合型种业人才培养制度

支持种业企业建立院士工作站、博士后科研工作站和学习实践基地，鼓励科研院校核心人才团队与企业开展合作，推动种业人才团队向企业流动。支持资助种业专业技术人才参加国际国内学术交流，鼓励种业企业按规定开展种业技师培训班和企业新型学徒制培训，分领域、分梯度培养一批高端种业人才、高技能人才、商业育种人才。

3.完善种业人才评价体系

强化种业科研人员成果转化和推广应用评价指标，贯通种业技能人才职称评审通道，开设特别优秀种业人才和民营种业企业人才职称评审绿色通道，向参与"一带一路"或其他境外种业项目的专业技术人才职称评定倾斜。

参考文献

中商产业研究院：《中国生物育种行业市场研究报告》，2020年。

B.24
湖南省量子科技发展调研报告

甘甜　张春霞　李晋*

摘　要： 量子科技是国际科技前沿领域，是大变局时代的关键科技变
　　　　 量。湖南要打造具有核心竞争力的科技创新高地，必须把量
　　　　 子科技作为推动关键核心技术自主创新的重要突破口。本报
　　　　 告基于国内外量子科技的战略布局、研究热点与前沿，从基
　　　　 础研究能力、产业创新支撑等角度分析了湖南发展量子科技
　　　　 的优势，剖析了其在政策规划、核心研发机构及产业链构建
　　　　 等方面存在的问题，提出在量子科技发展的关键时期，湖南
　　　　 省应加强对量子技术演进和产业发展的整体布局，在战略规
　　　　 划、技术创新、产业生态及开放合作等方面协同推进。

关键词： 量子科技　量子计算　量子通信　人工智能　湖南

量子科技发展具有重大科学意义和战略价值。2020年10月中旬，中共
中央政治局就量子科技研究和应用前景举行第二十四次集体学习。习近平总
书记在主持学习时强调，找准我国量子科技发展的切入点和突破口，统筹基
础研究、前沿技术、工程技术研发，培育量子通信等战略性新兴产业，抢占
量子科技国际竞争制高点，构筑发展新优势。量子科技的应用场景中，具有

* 甘甜，湖南省科学技术信息研究所助理研究员，主要研究方向为科技政策与科技信息情
报；张春霞，湖南省科学技术信息研究所助理研究员，主要研究方向为科技政策与科技信
息情报；李晋，湖南省科学技术信息研究所助理研究员，主要研究方向为科技政策与科技
信息情报。

代表性的是量子通信和量子计算——已成为时代发展的必然需要，在引领新一轮科技革命和产业变革方面，被世界各国寄予厚望。为准确把握量子科技国内外发展形势、摸清湖南省量子科技发展现状、明确下一步发展路径，本报告通过文献调研、专利分析、实地走访及专家访谈等，深入了解了世界主要发达国家（经济体）和我国典型省（市）在量子科技领域的先进经验，分析了湖南省在该领域发展的优势与不足，并提出相关对策建议，形成调研报告如下。

一　量子科技发展全球瞩目

（一）国外量子科技发展的战略布局

围绕量子科技的大国博弈日趋激烈，美国、欧盟、英国、法国、日本等主要发达国家（经济体）在抢占量子科技国际竞争制高点方面动作不断，都已先后将量子技术上升至影响未来国家创新力和国际竞争力的重要战略地位。美国成立专职推进机构——白宫国家量子协调办公室，发布《美国量子网络战略构想》，以期实现量子网络的基础科学和关键技术等；英国大幅增加量子信息科学领域研发资金，分阶段向4家量子技术研究中心累计投入约2.7亿美元，发布《量子技术国家战略——英国的一个新时代》，计划在多个领域实现量子技术的推广应用；日本主要面向欧美国家建立量子科技双边具体合作框架，发布《量子技术创新战略》，主要攻关量子计算机与量子模拟、量子传感与计量、量子通信与密码、量子材料等；欧盟发布《欧洲量子技术旗舰计划》，为未来的"量子互联网"远景奠定基础。

（二）国外量子科技发展的热点与前沿

2015年以来，国际研发创新活力十足，量子领域相关学术文献及专利申请量急剧增长，在个别细分领域出现跨越式发展的趋势。美国、日本、韩国是除中国以外的专利申请主要来源国，在专利数量、技术覆盖面、技术创新程度等方面远超过其他国家，逐步成为全球量子科技相关产业工艺与材料的技术研发主要聚集地。

结合文献计量分析与专家调查法发现，国外量子科技研究热点与前沿主要集中在量子器件工艺与材料、量子计算、量子通信和量子测量等四个细分领域。量子器件聚焦在量子点显示设备、量子点单光子发射器件、量子点发光二极管等量子点光电器件。量子计算围绕超导量子计算机、64 位量子虚拟机、商用量子处理器等，重点关注模型的研究与关键技术部件的研发，包括算法、核心芯片、控制系统、量子软件和量子云服务等。量子通信瞄准单光子态的制备与探测技术、量子隐形传送技术、量子与经典光混传系统、量子网络编码等。量子测量主要集中在超导、量子陀螺仪、量子定位导航和跨领域应用（如医疗诊断方面）等。

（三）我国量子科技发展的政策布局与显著进展

我国早已充分认识到推动量子科技发展的重要性和紧迫性，不断加强量子科技的战略谋划和系统布局。国家科技创新 2030—重大项目明确布局量子通信与量子计算机，提出研发城域、城际、自由空间量子通信技术，研制通用量子计算原型机和实用化量子模拟机。《关于全面加强基础科学研究的若干意见》提出，加强对量子科学等重大科学问题的超前部署。《国民经济和社会发展第十四个五年规划和 2035 年远景目标纲要》中数次提及聚集量子信息、布局量子计算与量子通信。

全国 10 余个省（市）紧跟国家创新发展步伐，相继出炉对量子科技的政策部署，在省（市）"十四五"规划中纷纷提出聚焦量子科学等前沿关键问题研究领域。具体措施包括支持量子科技等领域新型研发机构发展，如上海推进量子科学研究中心建设等；支持量子领域重大科研设施和项目建设，如浙江加快推进超高灵敏量子极弱磁场和惯性测量装置建设，安徽推进空地一体量子精密测量实验建设等。同时，多省（市）明确支持一批量子领域"独角兽"企业，前瞻布局量子产业，积极建设量子通信网络。

政策加码助力我国量子科技领域创新能力持续提升，取得了一批具有国际影响力的重大创新成果，包括光量子计算原型机"九章"和超导量子计算原型机"祖冲之号"相继问世、空间量子科学实验卫星"墨子号"发射、量子保密通信骨干网"京沪干线"开通等。从量子科技领域国际文献数量来看，我国在 Web of Science 核心合集的发文量远高于其他国家（地区），占该领域总发文量的 41%，美国占比仅 24%。从专利申请数量来看，我国也保持明显的领先优势，在全球专利申请贡献率最大，并积极推动量子信息技术国际标准化研究。

二 湖南省量子科技发展基础和优势

湖南省委、省政府对量子科技领域高度重视，《湖南省数字经济发展规划（2020—2025 年）》提出重点突破量子点等新型显示技术、开展量子计算机等关键技术研发、探索量子通信等新型网络建设等；《湖南省国民经济和社会发展第十四个五年规划和 2035 年远景目标纲要》提出聚焦量子科学等前沿关键问题研究领域、推动颠覆性技术创新，加强量子计算实验室建设。

湖南省科研资源丰富，多所高校具备量子科技领域基础研究与应用基础研究相关优势，建有 4 个国家重点学科（湖南师范大学——理论物理，国防科技大学——原子与分子物理、信息与通信工程、计算机科学与技术），拥有 9 个相关重点实验室、工程技术研究中心等创新平台（见表 1），承担国家"高性能计算"重点专项、多项国家自然科学基金项目等。近年来，湖南省高校量子领域研究成果呈现明显上扬态势，期刊及博硕论文产出增幅加大。2019 年国防科技大学在芯片集成量子通信系统关键器件研究及冷离子量子态操控等方面取得突破，2020 年中南大学构造了一个由相互垂直的两腔和一个二能级原子组成的光学腔——原子系统，有望用于开发高效的量子信息处理和全光网络的功能元器件（如光开关和路由器等）。

表1　湖南省量子科技领域相关创新平台

名称	级别	依托单位
高性能计算国家重点实验室	国家级	国防科技大学
低微量子结构与调控教育部重点实验室	教育部	湖南师范大学
量子信息机理与技术湖南省重点实验室	省级	国防科技大学
超微结构与超快过程湖南省重点实验室	省级	中南大学
微纳结构物理与应用技术湖南省重点实验室	省级	湖南大学
低维结构物理与器件湖南省重点实验室	省级	湖南大学
微纳能源材料与器件湖南省重点实验室	省级	湘潭大学
智能信息处理与应用湖南省重点实验室	省级	衡阳师范学院
湖南省固态存储工程技术研究中心	省级	湖南国科微电子股份有限公司

资料来源：湖南省科学技术信息研究所整理。

在产业创新支撑方面，量子科技领域工艺、材料、应用等层面的关联细分产业主要有半导体材料、电池、电子计算机、分立元器件、科学仪器（光学）、存储芯片和混合电路、卫星通信等。湖南省在以上产业均有良好的基础且特色鲜明，拥有显示功能材料及应用、集成电路、自主可控计算机及软件、智能终端（含光电器件）等优势产业，拥有国产芯片及半导体装备研发、制造的龙头企业——国科微、景嘉微、长城科技、飞腾技术（长沙）、汇思光电、中电48所等。其中，长城科技在长沙建有量子实验室，主要开展基于光量子和拓扑超导量子计算的基础科研，量子软件及控制系统研究，以及量子芯片加工制备等方面的科研工作。汇思光电和湖南大学共同承担长沙十大技术攻关项目之一——硅基量子点激光器，将研发全球首例可实用硅基外延量子点激光器。"十四五"期间，湖南省着力打造第三代半导体材料、新一代移动通信、人工智能、高性能微纳器件等未来产业，有利于湖南省在量子科技产业链战略性发展中抢占先机。

三　湖南省量子科技发展面临的问题

近年来，湖南省在量子领域集聚了一定的创新资源与成果，但与北京、天津、安徽、浙江、山东等我国资深的"量子玩家"还存在一些差距。安徽"合肥·量子大道"和山东"济南·量子谷"建树颇丰,济南、武汉、海口、福州等多地已正式开通本地量子保密通信城域网。

(一)政策扶持力度仍需加大

湖南省注重量子科技顶层部署,但在实施层面暂未出台相关政策支撑文件。2018 年,山东省出台《山东省量子技术创新发展规划(2018 – 2025年)》,目标是到 2025 年形成以济南为中心、辐射全省的量子技术产业集群,营收达到百亿元级规模。2021 年,安徽省科技厅在科技重大专项——技术攻关项目新增设立"量子信息技术"领域,重点支持量子科技企业开展关键核心技术攻关,引导量子科技企业与高校、科研院所开展产学研合作,解决量子信息技术成果应用、转化和产业化中的核心难题。

(二)源头创新能力有待提升

湖南省在量子计算方面研究能力突出,量子基础理论研究和量子通信等应用研究暂无明显竞争优势。从全球范围来看,湖南省在该领域的技术创新性及前沿科技成果尚未达到领跑水平,国际研究影响力与合作辐射能力较弱,需要在国际前沿、重大共性关键技术和重点核心设备等方面,不断提升原始创新能力和创新水平。

(三)核心研究团队与机构支撑不足

湖南省量子科技研究成果产出集中在以国防科技大学和中南大学为代表的高校团队,而其他省(市),如北京市已设立量子信息科学研究院,云南省已建有中国科学院"郭光灿院士云南工作站"、云南省量子通信重点实验室、云南量子产业技术研究院等,安徽省拥有中国科学院量子信息与量子科技创新研究院(在建的全球最大量子信息实验室)等,湖南省需要在顶尖量子科技研究团队及国际一流量子技术研发平台的引进与培育方面加快步伐。

（四）产业链集聚需求迫切

量子科技理论研究成果转化的速度正在加快，部分省份在量子科技领域围绕创新链布局产业链取得亮眼成绩。安徽已有20余家从事量子研发的企业，初步形成一条量子通信探索型产业链。湖南省以量子技术研发和应用为核心的领军骨干型企业和创新型中小企业较少，产业链引擎作用发挥不够，需要在薄弱环节实现突破，保障未来在量子产业的技术基础和合作优势。

四　湖南省量子科技发展的对策建议

量子科技是国际科技前沿领域，是大变局时代的关键科技变量。湖南要打造具有核心竞争力的科技创新高地，必须把量子科技作为推动关键核心技术自主创新的重要突破口，作为助力人工智能产业发展、打造数字经济"湖南品牌"等的重要驱动因素。湖南省应牢牢抓住发展重大机遇，加强对量子技术演进和产业发展的整体布局，在战略规划、技术创新、产业生态及开放合作等方面协同推进。

（一）完善顶层设计，明确量子科技发展路径

尽快研究确定湖南省量子科技发展目标、重点、时间表和路线图，从长期战略的高度推动量子基础科研、技术攻关、设备研制和产业应用等。加大政府引导、社会资本参与力度，保证对量子科技领域的资金投入，对量子科研基础设施建设、量子科技企业技术创新等方面给予支持。制定量子保密通信网络建设行动方案，支持中心城市城域网和城市间干线的建设，实现与国家广域量子保密通信骨干网络无缝对接，为新型量子应用场景提供条件。

（二）做好基础研究，抢占量子科学技术高地

量子技术的发展离不开基础研究，量子物理学的基本问题不容忽视。建议通过自然科学基金、科技重大专项、重点研发计划等形式，对量子科技研

究热点与前沿提供长期稳定支持。依托高性能计算国家重点实验室，发挥好创新平台优势，打造量子科技领域国际一流的科研阵地，力争在量子计算重要方向和优势领域实现"领跑"。采用非常规思维，结合引才汇智政策，吸引全球范围内量子科技领域的科学家、工程基础研究人员来湘科研创新，特别是推进与湘籍科学家的交流（如量子科学实验卫星项目科学应用系统总设计师彭承志等），形成由顶尖专家领衔的高水平量子科研队伍。

（三）加快产业布局，打造量子科技良好生态

支持高校、科研机构联合建立量子技术研发团队，支持高校、科研机构与创新型领军企业协同攻关，搭建联合实验室，逐步构建湖南省量子技术自主知识产权体系。大力培育产业生态，鼓励在湘高校量子科技领域重大研究成果本地转化，增强湖南企业对国内外领先研究成果的吸纳能力，引进产业链前景广阔且竞争优势显著的量子科技上下游企业，推动量子科技在湖南省大数据、人工智能、生物制药、金融和政务等领域的应用。

（四）促进开放合作，融入量子科技创新网络

拓展与国际顶尖量子研究机构的科技人文交流、项目对接等合作渠道，如美国加州大学、麻省理工学院、哈佛大学等，法国国家科研中心，德国马克斯·普朗克科学促进协会，意大利国家研究委员会等，尽力促成世界一流的量子技术合作。加大与具有量子研究国际影响力的省院、省校合作力度，如中国科学院、中国科学技术大学、清华大学等，共同提升在量子技术及其应用方面的研究水平和综合实力，服务国家的战略需求。

参考文献

郭光灿：《量子信息技术研究现状与未来》，《中国科学：信息科学》2020 年第 9 期。

尹沛、朱慧涓：《沃尔夫物理学奖与量子信息的发展》，《科技导报》2019 年第 21 期。

窦建鹏、李航、庞晓玲、张超妮、杨天怀、金贤敏：《量子存储研究进展》，《物理学报》2019 年第 3 期。

龙桂鲁、盛宇波、殷柳国：《量子通信研究进展与应用》，《物理》2018 年第 7 期。

谋科技创新高地之路：经验借鉴与启示

——基于中部五省科技创新的主要做法

陈凯华　郭小华　张小菁　杨宇　刘素*

摘　要：　为更好落实创新驱动发展战略，充分发挥湖南"一带一部"区位优势，贯彻"三高四新"战略，本报告系统梳理了中部其他五省（安徽、湖北、山西、河南、江西）加强科技创新的关键发力点，从一流平台建设、产业创新布局、科技创新投入、人才集聚引育、创新生态优化等五个方面系统分析了中部地区科技创新重大战略举措，并提出湖南打造具有核心竞争力的科技创新高地的经验借鉴、对策建议。

关键词：　科技创新　中部地区　高质量发展　湖南

一　中部其他五省①科技创新主要做法

（一）以一流平台为突破点，构筑原始创新策源地

从中部六省已有大科学装置和国家重点实验室数量看，湖南整体处于中

---

　*　陈凯华，博士，湖南省科学技术信息研究所助理研究员，主要研究方向为区域科技战略；郭小华，湖南省科学技术信息研究所副主任、副研究员，主要研究方向为科技战略；张小菁，湖南省科学技术信息研究所所长，主要研究方向为科技战略；杨宇，湖南省科学技术信息研究所主任、研究员，主要研究方向为科技战略；刘素，湖南省科学技术信息研究所研究实习员，主要研究方向为科技战略。
　①　本报告"中部六省"指山西、河南、湖北、湖南、江西、安徽，此处"中部五省"指除湖南外的其他五省。

等靠前水平，一流平台数量仅少于安徽、湖北。2019年湖南有国家重点实验室19家；安徽有大科学装置3个、国家重点实验室12家；湖北有大科学装置2个、国家重点实验室27家。

其他五省推进一流平台的做法有以下几点。一是超前布局国家重大科技基础设施集群。安徽在已有的全超导托卡马克、稳态强磁场等3家大科学装置的基础上，提前布局谋划"3＋4＋4"大科学装置集群体系；湖北省稳步推进包括脉冲强磁场在内的"3＋3"大科学装置集群体系；山西在极端光学、煤炭清洁等方面发力，争创大科学装置落地；河南以黄河实验室建设为契机，与中国科学院联合打造大科学装置；江西省以建设中国科学院赣江创新研究院为契机，谋划推进国家中药大科学装置落地。二是完善优化创新平台布局。安徽省构建国家实验室、合肥综合性国家科学中心、滨湖科学城、合芜蚌国家自主创新示范区、全面创新改革试验省"五个一"科创战略框架；湖北省推进光谷实验室等六大省实验室建设，布局50个省级以上关键核心技术创新平台，启动建设光谷科技创新大走廊；山西省构建"重点实验室＋创新团队＋协同创新中心＋中试基地＋双创中心＋科技基础设施＋转移转化基地"一条龙科技创新带；河南省加快建设黄河实验室、嵩山实验室、农业供给安全实验室；江西省携手中国科学院，推动稀土新材料国家实验室落地。三是真金白银加大平台投入。"十四五"期间，安徽省将每年安排130亿元支持国家实验室、合肥综合性国家科学中心建设，对新组建的安徽省级创新平台，一次性奖励最高不超过500万元。

（二）以产业创新为发力点，构筑科技助力经济腾飞引领区

从规上高新技术产业增加值增幅看，2019年湖南（14.3%）低于河南（14.7%），高于湖北（11.3%）、安徽（13.7%）、江西（13.4%），处于中部地区第一方阵。

其他五省推进产业创新的做法有以下几点。一是大力推动战略性新兴产业崛起。山西聚焦特种金属材料、碳基新材料、半导体材料、生物基新材料等领域，力争打造国内一流新材料产业；河南聚焦装备制造、食品制造、材

料制造、信息制造、汽车制造五大战略性主导制造产业，打造河南核心支柱产业；安徽计划建设新型显示、集成电路、新能源汽车和智能网联汽车、人工智能、智能家电等 5 个世界级产业集群，打造以"芯屏器合"（动态存储芯片产业、新型显示产业、装备制造业与工业机器人产业、人工智能与制造业融合产业）为标识的新兴产业，以新型"铜墙铁壁"（化工、黑色金属、有色金属行业）为代表的传统转型产业；湖北着力构建"光芯屏端网"（光通信及激光、集成电路、新型显示、智能终端、数字经济）产业"航母群"。二是抢占数字产业新高地。安徽建立数字经济重大项目集中开工机制。2020 年以来，安徽累计开工数字经济项目 2300 余个，总投资超过13000 亿元。湖北成为《数字中国发展报告（2020 年）》中唯一进入全国前十的中部地区省份。2020 年，湖北出台"数字经济 13 条政策"，深度推进网络基础设施建设，发展数字创新和服务产业。三是着力推动产业集群发展。安徽省推行产业集群群长制和产业联盟盟长制，对新认定的国家战略性新兴产业集群、国家先进制造业集群、国家创新发展试验区，给予一次性奖补 1000 万元。"十四五"期间，湖北着力打造 10 个全国领先的创新型产业集群、20 个全省有引领作用的创新型产业集群。

（三）以创新投入为着力点，构筑"政产学研金服用"聚合区

从全社会研发投入强度看，2019 年湖南（1.9%）略低于湖北（2.1%）、安徽（2.0%），高于江西（1.8%）、河南（1.5%）、山西（1.1%），在中部排名第三。

其他五省引导创新投入的做法有以下几点。一是引导企业增加研发投入。湖北出台《关于加强科技创新引领高质量发展的若干意见》，加大了对企业研发后补助的力度。2020 年国家统计局数据显示，湖北企业研发投入在中部地区排名第一。二是增加基础研究投入。安徽自然科学基金年度预算由 4000 万元增加到 8000 万元，近 3 年累计投入 3.2 亿元；2018～2019 年累计支持国家自然科学基金区域创新发展联合基金 4 亿元，形成了多元高效投入机制。2020年，安徽与国网安徽公司共同出资设立能源互联网联合基金，基金规模已达

到 5000 万元以上。三是科技金融深度融合。"十四五"期间,安徽省财政计划每年安排 2 亿~3 亿元注资省科技融资担保有限公司,专门支持高新技术企业、科技型中小企业发展。2021 年 4 月,湖北省成功发行首单 4.1 亿元科技创新公司债券,资金将用于光通信及激光、集成电路等高新产业发展。

(四)以育才引智为支撑点,构筑人才驱动创新共振带

习近平总书记在《努力成为世界主要科学中心和创新高地》中强调,"谁拥有了一流创新人才、拥有了一流科学家,谁就能在科技创新中占据优势。"从拥有院士数量看,2019 年湖南(69 人)少于湖北(80 人),多于安徽(38 人)、河南(26 人)、山西(8 人)、江西(4 人),处于中部第一方阵。

其他五省育才引智的做法有以下几点。一是由单一人才引育转向团队引育,铸造科技创新团队支撑体系。山西、河南将一流创新团队引进作为人才工程的重中之重。安徽加大对基础研究人才团队、战略科技人才团队、科技领军人才团队的培养力度,计划培育 100 个高能级科技创新人才团队。湖北大力鼓励博士后团队留鄂就业创业,并提供完善的保障服务。二是实施"工匠"培育计划,建设高技能人才队伍。安徽实施"江淮杰出工匠"培育计划,2020 年以来,已有 46 人次获此殊荣,安徽计划 5 年内培育高技能人才 5 万名,高技能人才储备量超 210 万人。湖北实施"荆楚工匠"计划,2016 年以来已有 350 人获"荆楚工匠"称号。山西实施"人人持证、技能社会"工匠创造计划,2018 年以来已累计培训 350 万人次,新增 144 万人。江西实施"赣鄱工匠"专项计划,获奖者均能一次性领取 10 万元奖金,可直接晋升相关职业(工种)高级技师职业技能等级,同时可优先认定技能大师工作室等政府资助项目。三是加大人才引育资金投入。"十四五"期间,安徽省财政将每年安排超 6 亿元作为人才引进专项资金,对于引进急需紧缺高端人才的人力资源服务机构,给予最高 10 万元的一次性奖补。对在站博士后,给予一次性生活补贴 10 万元和进站补贴 3 万元。从 2021 年起,湖北省针对光电子信息、生命健康、数字经济等高新产业,连续 3 年每年投 1 亿元以上资金专门用于高端人才引育。

（五）以营造创新生态为落脚点，构筑科技体制改革综合试验区

以改革激发创新创造活力，更好地调动科研人员积极性、创造性。一是全面深化科技体制机制改革。山西省科技厅设立 8 个产业处室（包含信创和大数据科技处、半导体与新材料科技处、智能化应用科技处等），深度对接十四大高新技术产业。湖北省建立以市场为导向的科技创新机制，改革科研经费投入和管理方式，创新人才评价机制，构建产学研合作新机制。二是推动建设高效能成果转移转化体系。安徽省成立 50 亿元规模的省级科技创新成果转化引导基金，加速推动科技成果在皖转化和产业化。湖北省推动大学校区、产业园区、城市社区"三区融合"，推进"联百校、转千果"科惠行动，建立市州与高校科技成果转化合作长效机制，推行财政科研项目成果限时就地转化制度。江西省全面推进管理创新，完善科技成果转移转化机制，培育创投家等复合型人才，及时推动科研成果转化落地。三是持续深化科技管理改革。湖北省统一实行项目网上申报和"一次性报送"，改革完善人才培养、使用、评价机制，人才计划项目结束后不得再使用有关人才称号；江西省针对高质量成果评价采取"权重放大"制，最多可增加 50% 权重。

二 对湖南省科技创新高地建设的经验启示

为更好贯彻落实习近平总书记在湖南考察调研时的重要讲话精神，践行湖南省"三高四新"战略，实现打造综合性国家科学中心的目标，课题组深入分析前述中部其他五省科技创新关键举措，总结如下经验启示。

（一）超前布局重大创新平台，培植科技创新跨越式发展之根

当前，湖南省在重大科技基础设施方面尚未实现零的突破，面临国家重点实验室、技术创新中心等各类科技创新平台普遍规模不大，运行机制不畅等问题。借鉴安徽、湖北关于打造创新平台集群高地的经验做法，湖南省应

坚持以"三高四新"战略为引领，依托长株潭国家自主创新示范区，积极谋划长株潭国家区域科技创新中心，争取国家在湖南布局国家实验室、国家技术创新中心、高水平创新研究院等战略科技力量。积极对接国家部委、中国科学院、中国工程院，争取"同步辐射光源""环形正负电子对撞机"等重大科技基础设施集群落户长沙，携手中国科学院在湘江新区设立中科院长沙研究院，携手中国工程院高规格打造岳麓山工业创新中心，尤其在先进制造业、种业、生命健康等领域，率先形成先发优势，培育跨越式发展动能。依托湖南省科教人才优势，在长株潭地区提前布局交叉学科融合创新实验区，深度促进学科、平台、人才、项目等要素融合，创设长株潭交叉科学研究中心，打造区域基础研究原始创新策源地。

（二）聚力引领产业创新，抢占产业发展制高点

当前湖南省仅在工程机械、轨道交通、航空航天等产业具有先发优势，其他产业普遍缺乏龙头企业、核心品牌、大"兵团"。已有龙头企业带动技术创新、开拓市场的能力不强，尤其表现在人工智能、3D打印、半导体、碳纤维、先进陶瓷、机器人、软件服务等新兴未来产业。借鉴安徽、湖北产业集群发展经验，湖南省应践行"科创＋产业"发展道路，聚力产业链式发展，提升产业基础高级化、产业链现代化水平，建设具有世界影响力的产业创新策源地，抢占产业发展制高点。深入实施"3＋5＋N"产业发展计划，推动工程机械、轨道交通、航空动力三大产业形成世界级影响力；电子信息、先进材料、智能和新能源汽车、生物轻纺、智能装备等产业进入国内第一方阵；新一代半导体、生物技术、绿色环保、新能源、高端装备等产业形成国内先发优势。全面推动数字经济"一号工程"，抢抓长沙智慧城市基础设施与智能网联汽车协同发展试点重大机遇，探索设立长株潭数字经济创新发展试验区，打造万亿级数字产业集群，形成可复制、可推广的"长株潭数字经济新现象"，建设数字经济新高地。

（三）不断加大科技投入，夯实科技创新长远发展之基

近年来，虽然湖南省科技投入保持高速增长的态势，但由于基数小，横

向比较仍然存在差距，多项指标仍低于全国平均水平，尤其反映在基础研究投入和地方财政科技投入上。借鉴安徽省创新投入经验做法，"十四五"期间，湖南省应充分发挥政策引导与激励效能，鼓励高等院校、科研院所加大研发投入，将研发投入作为"双一流"建设高校、重点建设大学、省属科研院所绩效考核评价工作的重要指标。争取到"十四五"末，高校和科研院所研发经费占比达到20%以上。积极探索实施制造业高新技术企业研发经费按季度100%加计扣除政策。对于研发经费投入占比达到5%以上、年销售收入达到一定金额的高新技术企业，按其当年享受研发费用加计扣除费用总额的5%进行奖补。落实国有企业研发投入视同利润的考核措施，提前谋划建立国有企业研发投入刚性增长机制，力争到"十四五"末，国有企业研发投入年均增长不低于8%。建立省属重点工业企业科技投入通报制度。

（四）积极引育创新人才，集聚科技创新发展第一资源

当前，湖南省院士等顶尖科技人才资源匮乏，国家级人才或高端人才团队规模较小，难以满足打造具有核心竞争力科技创新高地和高质量发展的需求。借鉴江西、湖北关于科技人才汇聚的经验做法，湖南省应一以贯之秉持"聚天下英才而用之"理念，实施"十四五""智汇潇湘"人才引聚工程，推动博士后人才留湘来湘安居乐业，探索建立"兴湘人才卡"制度，完善高层次科技人才安居、子女教育、医疗、社保等人才保障政策。实施芙蓉工匠培育工程，获评"兴湘工匠"者，可一次性获得10万元以上奖金，并可直接晋升相关职业（工种）高级技师职业技能等级，同时可优先认定技能大师工作室等政府资助项目。探索建立高层次人才"飞地"引培模式，与大湾区、长三角人才平台建立稳定长效人才合作机制，吸引高层次人才来湘就业创业。

（五）着力构建一流创新生态，充分释放科技创新澎湃活力

当前，湖南省在一定程度上存在思想解放不够充分，科研经费管理等体

制机制改革不彻底，创新政策协同不足、体系化程度不高，创新生态对人才吸引力不够等问题。借鉴安徽、湖北关于营造一流创新生态的经验做法，湖南省应进一步深化科技体制机制改革，建立以人为中心的科技创新激励机制，把人、财、物向科技创新一线倾斜，改革和创新科研经费使用和管理方式，改革科技评价制度，建立以科技创新质量、贡献、绩效为导向的分类评价体系，提升科技创新能力，释放科技创新活力。借鉴 PPP 模式，设立 30 亿元以上省成果转化基金，发展壮大天使投资、创业投资，支持金融（机构）资产与科技资产的深度融通，打通成果转化"最后一公里"堵点，全面提升"纸变钱""钱变纸"的能力。抓创新不问"出身"，谁能干就让谁干，推进省科技创新重大项目"揭榜挂帅制"，探索首席专家"组阁制"，推动产业链创新链深度融合。加快开放融合创新步伐，用好外部科技创新资源攻克制约湖南省先进制造等产业发展的关键瓶颈问题，依托长沙国家新一代人工智能创新发展试验区等优势资源，构建场景应用生态，实现开放式创新、应用型发展。

参考文献

任晓燕、杨水利：《技术创新、产业结构升级与经济高质量发展——基于独立效应和协同效应的测度分析》，《华东经济管理》2020 年第 34 期。

傅春、欧阳欢蕤等：《中部地区科技创新活动两阶段效率评价》，《统计与决策》2021 年第 37 期。

Xiaoxiao Zhou, Ziming Cai, "Technological innovation and structural change for economic development in China as an emerging market", *Technological Forecasting and Social Change* 2021, 167。

Zeeshan Khana, Muzzammil Hussain, "Natural resource abundance, technological innovation, and human capital nexus with financial development: A case study of China", *Resources Policy* 2020, 65。

B.26
山河智能装备制造科技创新发展报告

何清华　朱建新　张大庆　黄志雄　邓　宇*

摘　要：　原始创新、集成创新、开放创新、持续创新是山河智能先导
式创新体系的四大创新模式，山河智能创新成果持续不断的
根本之"道"在于创新源于市场、劳心尚需劳力、兴趣乐成
成就、精品源自执着的创新研发理念。山河智能始终将创新
"基因"根植于企业生命之中，坚持先导式创新，取得了大
量创新成果，并确保了山河智能在装备制造领域特别是工程
装备、特种装备和航空装备三个方面实现差异化高速健康发
展，使之在短短二十年时间内从白手起家到世界工程机械50
强、世界挖掘机20强、世界支线航空租赁3强，成为具有国际
影响力的知名企业。"十四五"期间，山河智能将继续秉持
先导式创新，围绕"两年两百亿，五年再翻番"的战略目标
创新发展，为湖南"三高四新"战略实施、打造先进制造业
创新高地和高质量发展做出应有贡献。

关键词：　山河智能　装备制造　先导式创新　高质量发展　湖南

*　何清华，山河智能装备股份有限公司，中南大学教授，主要研究方向为工程装备、特种装
备、航空装备的机电液一体化、智能化与信息化技术；朱建新，博士，山河智能装备股份有
限公司，中南大学教授，主要研究方向为工程机械机电液一体化控制与高效节能技术；张大
庆，博士，山河智能装备股份有限公司高级工程师，主要研究方向为高端制造装备智能化与
节能技术；黄志雄，博士，山河智能装备股份有限公司高级工程师，主要研究方向为机械设
计制造及自动化、精益生产；邓宇，山河智能装备股份有限公司高级工程师，主要研究方向
为自动控制理论与控制工程、通用航空器与无人机设计。

2020年9月17日下午，在湖南考察的习近平总书记冒雨来到山河智能装备股份有限公司（简称山河智能），在听取了董事长何清华的汇报，察看生产线和产品，了解技术研发、生产制造、销售经营情况后发表了重要讲话。习近平总书记说："你们的创新精神给我留下深刻印象。创新是企业经营最重要的品质，也是今后我们爬坡过坎必须要做到的。关键核心技术必须牢牢掌握在我们自己手里，制造业也一定要抓在我们自己手里。"习总书记的话对山河智能从无到有、从小到大的艰苦创业精神和积极自主的创新精神给予了充分的肯定。山河智能作为装备制造业龙头企业之一，其发展历程无不具有创新特色。

一　山河智能装备制造科技创新发展历程

1999年，何清华教授依靠自己的发明专利——液压静力压桩机起步，凭借50万元借款，租赁废旧厂房，创立公司。历经七年的发展，公司2006年在深交所成功上市，现已发展为以上市公司山河智能装备股份有限公司为核心，以长沙为总部，以装备制造为主业，在国内外具有一定影响力的国际化企业集团。现已跻身于世界工程机械制造商50强（2021年排名第32位）、世界挖掘机企业20强、世界支线飞机租赁企业前3强，在中国机械工业100强榜单中排名第52位。

公司产学研一体化，依靠先导式创新、差异化竞争实现跨越式发展。集团总资产逾190亿元，员工7000余人。公司战略业务定位于"一点三线"（"一点"即聚集装备制造，"三线"即工程装备、特种装备、航空装备），已创新研发出200多个规格型号、具有自主知识产权和核心竞争力的高性能产品。

职业化的营销服务团队、遍布全球的营销服务网络使集团产品畅销国内外，出口100余个国家和地区，SUNWARD商标在近百个国家注册。公司成立22年的高速高质量发展，企业的先导式创新理念及其创新研发体系在其中起到了决定性的作用。

二 山河智能装备制造科技创新特点

独具特色的先导式创新体系与模式、创新研发理念，严谨科学的创新管理模式，成为山河智能科技创新发展的基石。

（一）先导式创新体系

先导式创新体系是摒弃"克隆"和"模仿"的市场跟随方式，以敏锐的眼光、创新的理念先于他人切入市场，把握市场先机的一种创新发展模式。这种模式很大程度上避免了同质化竞争，给企业带来了差异化的发展先机，是一种更复杂、更艰难的全过程产品研发模式，也是一种更高境界的自主创新。

（二）创新模式

在创新基因的主导下，强化产品自主研发，用自主产权"代言"。首先，原始创新主要是针对那些无类似参考，通过自主研发，取得首创性技术成果并开发应用的创新。尽管山河智能是靠原创性很强的压桩机起步，但一般来说装备制造领域整机的原始创新难度大、风险大、机会少，所以其将原始创新的落脚点放在工作机理、设计方法、控制系统和关键局部结构和装置的原创发明上，摒弃了模仿他人产品的发展模式，高起点、自觉地走上了自主创新发展道路，赢得了国内外同行的尊重。其次，集成创新可以理解为对已有的各种适用技术、基础元器件以及小系统部件进行选择、匹配、融合（不是简单的物理混合），再加上局部的改善创新和系统优化，从而形成自身新的装备产品或综合性实用技术。山河智能充分利用这种创新模式使产品跳出国内装备制造业产品"同质化"、低档次"克隆"的发展模式，形成了有鲜明特色和市场竞争优势的产品。然后，在开放创新方面，企业发展不能只依靠初创时期以学校教师为主的研发人员，而是要通过构建良好的人文环境以吸引大量来自全国及国外的优秀专业技术人员"加盟"，进而延伸到"走出去""请进来"——积极主动地与国内外科研机构、国外大企业、国外代理商等进行多层次的技术交流，从外部引进那些自主研发所需时间较长的技术和短期内很难靠自己培养的专家。最后，持续创新主要体现在对产品和技术持续不断地改进、完善、升级上，以确保产品竞争力。其重要性绝不亚于其他三种创新模式，有时，这种创新比原始创新更加重要。这种创新模式的重点是建立一种机制，能够保证一种产品和技术不断地提升。其中关键有两点：一是要使每一位研发人员的每一项工作都变成可以准确、有效传承的东西；二是要保证每一位改善、提升已有成果的员工与成果原创人员受到同样的重视。

（三）创新研发理念

创新源于市场、劳心尚需劳力、兴趣乐成成就、精品源自执着，是以源源不断的创新引领企业高速发展的"道"之所在。首先，创新源于市场——研发的源头。技术创新基本上源于市场需求。只有深入实践中去，了解市场，知道、理解客户需求什么，设计出来的东西才会越来越好。不管是原创性的，还是设备的某一项功能，抑或是功能的改进，都是市场需求。市场是研发项目取之不尽的源头。其次，劳心尚需劳力——研发的方法。从事研发工作不光要动脑，还要动手。只有亲自动手，才可能知道所研发出来的产品好不好。守在计算机前做设计完成不了好产品，要真正把产品变成实用的、高效的、节能的，需要投入大量的精力，要自己动手，经历亲力亲为的过程。要摒弃"劳心者治人，劳力者治于人"的负面影响，拥抱"学者贵于行之，而不贵于知之"的积极意义。然后，兴趣乐成成就——研发的动力。兴趣是最好的老师，能够让你快乐地工作并成就自己的事业，也是最经得起风浪、最持久的人生动力。有了兴趣，无论是工作中遇到困难，还是生活条件艰苦，抑或是面对外部各种各样的干扰，都会比一般人更坦然处之。圣人孔子说过："知之者不如好之者，好之者不如乐之者。"最后，精品源自执着——研发的作风。精品的含义非常广，但一个基本含义是在品质、性能、成本等方面完美的产品。在日益强化的市场竞争中，在更广阔的世界市场中，这种完美的起点就更高、更具有时效性。精品要在设计与制造上有突破，然后成熟于长期的检测试验、市场锤炼与持续改善之中，并形成相关理论、知识产权、生产诀窍。显然这是一个长期的、持之以恒的过程，精品的诞生就是需要这种精神。研发人员短时间的"爆发力"固然是需要的，但精品的完美不可能一蹴而就，更需要执着的精神和持久的"韧劲"。

（四）创新研发管理

管理也是一种技术，管理第一、技术第二，管理创新是技术创新的保障。在项目管理方面，自主创新任务流、资金流同步的研发项目管理模式，通过数据化、精细化、科学化的研发管理信息平台自主创新任务流和资金流同步考核，实现"生产一代、储备一代、研发一代"的可持续发展目标。在人才管理方面，和谐、务实、进取的创新文化在更为宏大的范畴潜移默化地影响人才创新意识与自觉创新行为，技术职称与管理职级"双通道"晋职模式、月度即时激励、项目激励激发人才创新内驱力。

上述先导式创新体系以及创新模式、创新研发理念和创新研发管理组成的创新体系，极大地激发了员工的创新激情，创造出大量的创新成果，形成了企业差异化竞争的优势和特色。

三　山河智能装备制造科技创新成果

经过 20 多年的历史积淀，山河智能业务从单一的液压静力压桩机发展到工程装备、特种装备、航空装备三大板块。累计申请专利 1000 余件，授权专利 800 余件，承担国家"863"计划、国家科技支撑计划等国家级科研项目 28 项，获得国家科技进步二等奖、国家发明奖、省技术发明/科技进步一等奖等各种奖励数十项。被授予/获批设立了"国家认定企业技术中心""国家技术创新示范企业""国家创新型企业"等荣誉称号或创新平台。以何清华为首席专家、技术带头人为核心、中青年为主的山河智能创新团队在基础施工装备、挖掘机械、凿岩设备、矿山装备、起重机械、高空作业装备、液压元器件、应急救援装备、特种装备和通用航空装备等十多个领域，成功研发出 200 多个规格型号、具有自主知识产权和核心竞争力的高品质高性能智能装备产品。

（一）工程装备

山河智能是 1999 年以何清华教授的发明专利——液压静力压桩机起步，但是山河智能在工程装备领域的科学研究、技术发明、工程设计和成果产业化可以回溯到 20 世纪 80 年代。至今，山河智能在工程装备多个方向做到了技术和解决方案全国乃至世界领先，为中国乃至全球建设和采矿业等市场带来了先进、高效的施工设备和解决方案。

1. 液压凿岩设备

创立了液压冲击机构非线性系统的线性化设计理论，提出了"准匀加速度数值计算法"，解决了传动介质压缩性影响仿真收敛的难题；发现并剖析"惯性回油压和回油空穴"特殊液压现象，解决了惯性回油压波动和回油空穴的技术难题；提出"备用扭矩""备用推力"等整机功率匹配与控制方法，显著降低了能耗；出版了专著《液压冲击机构研究·设计》，为高效低耗液压凿岩设备的研究和设计奠定了理论基础。先后推出我国第一台重型凿岩机、露天液压钻车和井下凿岩台车，技术成果获国家发明三等奖。随后开发了系列液压凿岩机、井下液压凿岩钻车、露天液压凿岩钻车等高效节能产品。

2. 隧道凿岩机器人

研究了移动机器人车体定位、多冗余关节强耦合机械臂运动学求解、多机械臂空间干涉判别与工作空间求解、同构多机器人多任务动态规划、机械臂定位过程自适应控制、凿岩过程控制等课题，解决了多冗余关节强耦合重型伸缩机械臂工作精度及可靠性问题，研制了中国首台隧道凿岩机器人样机；在理论研究、技术发明、工程设计、制造工艺等多方面彰显出自主创新的特色，"将机器人技术用于传统凿岩机的改造与创新，为我国隧道凿岩机器人的发展奠定了基础"，中央电视台《新闻联播》、《人民日报》头版进行了详细报道；出版了专著《隧道凿岩机器人》，研究成果在工程机械重型多关节机械臂的智能控制中得到应用，推动了工程机械智能化进程。

3. 一体化潜孔钻机

何清华早在 20 世纪 80 年代就提出了一体化潜孔钻机的开发思路，2002 年主持开发出国内首台一体化潜孔钻机，打破了国际品牌的垄断，其自适应匹配技术实现了国内矿山极其复杂地质条件下的高效钻凿，实现了低排放、低能耗生产。五年后该产品国内市场占有率近 70%，并一直保持国内市场占有率第一。该技术成果获得湖南省科技进步一等奖。

4. 液压静力压桩机

何清华创新研发的液压静力压桩机成果，包含了准恒功率液压控制系统的提出及与其匹配的多对压桩液压缸先后参与压桩的系统实施方案、多点均压式夹桩技术和压边桩技术及其实施方案等多项核心技术的创新。具有鲜明特色的何清华版系列高效节能静力压桩机走向世界各地，成为世界工程机械领域中国特色的原创性很强的技术与产品，二十多年来始终稳居单项冠军产品宝座，促进了静压桩工法及高强度预应力管桩在国内与国际的广泛推广与应用，引领了预制桩绿色施工技术的发展。该技术成果获得国家科技进步二等奖——至今为止桩工机械领域成果产品最高奖项，山河智能牵头制定了产品的行业标准。

5. 高端基础施工装备与施工工法

践行装备与工法的协同创新，秉持先导式创新理念，先后研发了多款国内首台套设备——双动力头强力多功能钻机、全液压履带桩架，世界首创的自行式全回转全套管钻机获得了中央电视台大国重器的专题报道。同时研发了系列化最完善、技术创新突出、主要性能国际先进的多功能旋挖钻机产品，系统地提出了旋挖钻机载荷计算、机构优化设计、运动控制及节能控制的理论方法，构筑了旋挖钻机的工程设计理论体系，并对旋挖钻机的施工与管理进行了专业化总结，出版了《旋挖钻机研究与设计》《旋挖钻机设备、施工与管理》两部专著，实现了建筑基础施工设备由"中国制造"到"中国创造"的飞跃。一种履带式桩架及其安装方法获得湖南省专利技术一等奖，高性能旋挖钻机技术成果获得湖南省科技进步一等奖，也是行业内唯一获得省部级成果奖的产品。

6. 挖掘机

2001 年在民族品牌挖掘机几近消失的形势下，山河智能开始研发并批量生产达到现代标准的系列挖掘机，2005 年全面进军国际市场，成为国内第一个以自主知识产权、自主品牌整机出口欧洲的挖掘机生产厂家，也标志着山河智能挖掘机产品性能达到国际先进水平；2011 年山河智能挖掘机成功进入世界二十强，至今已成为世界挖掘机系列化最完善的品牌产品之一；智能挖掘机技术成果获湖南省科技进步一等奖，《中国挖掘机产业 50 年》一书评价山河智能是"引领中国挖掘机民族品牌的先导者"。山河智能以液压储能器作为储能元件先后提出了多种实现储能、释能的方案，在"基于新型动臂结构"和"压力耦合"两种节能挖掘机的开发方面取得了突破性的进展；解决了挖掘机在瞬变大负载工况下，功率需求波动剧烈导致的能量损失大与能量回收困难；攻克了一些专用液压元件的可靠性难关，研制出世界上首创的液压混合动力挖掘机，在矿山得到了批量的应用；先后申请和授权了 20 多项专利，其中包括国外的 PCT 专利；获湖南省技术发明一等奖，制定产品技术标准 4 项。

（二）特种装备

瞄准复杂环境、危险场景及特殊用途，山河智能开发了一系列具有特色的无人平台、应急救援装备等特种装备产品，获得了市场的充分肯定。

1. 无人平台

提出了原创性很强的工程化仿生越野越障机构理论设计及其控制方法，采用"尺蠖"式、"骏马"式仿生越障机理的"龙马"系列无人全地形车，分别获 2016 年和 2018 年某军种陆上无人系统挑战赛冠军。"双向双缓冲抗冲击主动式越野越障机构"关键核心技术，已在系列无人装备及型号产品上大量应用。

2. 应急救援装备

在应急救援装备领域内，山河智能获批国家"十三五"重点研发计划项目 1 项、省部级项目 5 项，研发智能化应急救援装备 10 余款；先后建设成立了预备役排、民兵排和工程机械应急分队，自 2008 年起，先后参加"汶川"地震救援等重大应急救援行动 20 余次。研发的多模式高临场感遥操作智能挖掘机已批量应用于危险作业环境、高危场所等应急救援领域，细分市场占有率第一；通过自主研发攻克了空地协同复合探测、无人遥控防爆挖掘等关键技术，形成爆炸物综合处置系统及成套解决方案，在"探、排、销"爆炸物智能化清除应用领域构建了国内首个具有完全自主知识产权的装备体系；研发的水陆两用挖掘机采用带水上推进与锚固功能的浮箱底盘，具备水上自主浮航与锚定施工两种作业模式，可在发生洪涝、泥石流等地质灾害时实施抢险救援，并在应急管理部门得到批量应用；所研制的国内首款轮式装甲多用途工程装备亮相建军 90 周年阅兵活动，接受国家领导人检阅，并批量列装。

（三）航空装备

山河智能航空产业的开端可以回溯到 2002 年，在近 20 年的艰辛发展历程中，山河智能作为中国通航产业的开拓者，在载人轻型飞机以及无人机领域研制出一系列具备显著差异化竞争优势的产品，填补了国内多项空白。

1. 阿若拉轻型运动飞机

2006 年，何清华教授发现了中国在通航产业领域与欧美发达国家的巨大差距和其中蕴藏的市场机遇；当时，中国的通航飞机产业几乎为空白，甚至连部分法规都不健全，低空空域的开放还没有任何松动的迹象；在这样的背景下，山河智能启动了山河 SA60L 阿若拉轻型运动飞机研制项目；山河 SA60L 阿若拉是一款单发双座全复合材料机身的轻型运动飞机，这在当时的中国是一款没有先例的创新性产品，山河人发挥了创新精神与聪明才智，每一张图纸、每一份设计报告、每一项工艺流程都全部自己完成，累计授权专利十余项；2008 年 10 月，山河 SA60L 阿若拉样机下线参加珠海航展，2011 年正式获得中国民航局所颁发的型号证书，这标志着首个由中国人自主研制的轻型运动飞机正式诞生！山河阿若拉轻型运动飞机创造了一个又一个的第一：我国第一款具有完全自主知识产权的全复合材料轻型运动飞机、第一款获得中国民航局适航认证的民族自主品牌轻型运动飞机、第一款具备高高原起降能力的轻型运动飞机、第一款具备自动驾驶功能以及目视夜航功能的轻型运动飞机；2014年，山河智能成立了首支国产轻型运动飞机飞行表演队，并在珠海航展成功演出，引起了业内轰动，在当年的珠海航展期间，创造了轻型运动飞机转场飞机数量（4机）和转场距离的纪录（往返1500多公里）。山河阿若拉轻型运动飞机先后获得"芙蓉杯"国际工业设计创新大赛企业优秀奖、首届中国优秀工业设计奖金奖、中国外观设计优秀奖等国内外大奖，在国内市场的同类产品市场占有率多年稳居第一；2019年，该机型在短短3个月时间内就通过美国联邦航空管理局（FAA）审查并获颁适航认证，总体性能指标达到同类机型国际领先水平；山河阿若拉轻型运动飞机已无可争议地成为中国通航产业中的标志性机型！

2. 五座轻型单翼

飞机在轻型运动飞机领域取得成功后，何清华教授带领的山河航空团队并没有停下创新的脚步，展开了更高难度SA160L五座轻型飞机的研制工作；山河SA160L五座轻型飞机是依据中国民航CCAR-23部适航法规研制的单发五座下单翼飞机，其研制难度和适航审定的严苛性大大高于轻型运动飞机；该机型瞄准高端豪华私人飞机市场，在智能化水平和驾乘舒适性等方面将达到世界领先水平，拥有令人期待的市场前景；是我国首款基于国产复合材料研制的通航飞机，是国产通用航空器制造领域的新突破，对于积累国产航空复材基础试验数据意义重大；该机型未来将填补我国豪华私人飞机市场空白，为民族品牌飞机在中国蓝天翱翔做出贡献。

3. 无人机

山河"飞玥"油动无人直升机有效载荷40公斤，最大续航可达4小时，部分性能指标优于日本同级别"雅马哈"无人直升机，消除了该机型级别日本对于中国的禁运影响，已批量应用于应急救援、航磁探测等领域。山河SA70U 700公斤级固定翼无人机最大续航可达20小时，是国内少有的具备高原起降与短距起降能力的中大型固定翼飞机，已成功应用于航空物流领域。山河系列化多旋翼无人机，具备仿地飞行、自动磁补、全向避障等特色功能，控制系统基于国产操作系统开发，已在未爆弹探测等多个特殊领域实现批量应用。

四　山河智能装备制造科技创新发展规划

"十四五"期间，山河智能将紧紧围绕"2年200亿，5年再翻番"的战略目标，深耕装备制造领域特别是工程装备、特种装备和航空装备三个方面，坚持先导式创新，优化产品结构，推动企业差异化发展与高质量发展，打造高端装备制造科技创新发展的山河智能样板。

（一）坚持四大发展

在高质量发展方面，提高产品质量（可靠性、耐久性等），进而提高企业竞争力。在高端化发展方面，推进5G、人工智能、区块链、新能源等新兴技术，赋能传统装备产业。在创新发展方面，以问题导向、产需结合、协同创新、重点突破为原则，打破"五基"等"卡脖子"技术。在开放发展方面，以开放式胸襟，引进人才与技术。

（二）实现四个目标

在自主创新方面攻克一批关键核心技术，围绕智能制造、无人化技术、信息化管理、5G＋工业互联网技术，针对应急救援装备、无人化工程装备、工程机械产品节能环保与无人平台、无人机、无人飞机，以及矿山建设中涉及的勘察、挖掘、运载、运输全产业链的一系列绿色施工集群控制的无人化、智能化关键技术展开研究；针对制约我国工程机械发展关键部件液压马达、减速器及高性能主阀展开研究，推动工程装备配套件的国产化、零部件配套产业链的国产化进程；瞄准新材料的前沿技术，攻克高纯度、高产能负极电池材料的研制技术和提炼装备的制造技术，并实现产业化。打造高水平技术平台体系，创建一批国家级创新平台，打造服务于创新研发的更高水平技术平台体系，如国家级工业设计中心、国地联合工程研究中心；创建国家级"国防科技创新中心"；为加速企业国际化进程，组建国际人才创新交流合作平台。建设数字化智能制造体系，打造行业数字化转型样板，基于工业互联网平台和数字孪生产线监控和调配产能，探索产能共享、设备共享，打造制造资源共享平台；全面推行绿色智能化发展，加大先进节能环保、智能化、互联网等技术应用，加快企业绿色改造升级，积极推行低碳化、循环化和集约化，实现制造体系的绿色化、数字化、远程化、自动化、智能化。完善产业生态系统，建设全球高端装备智能服务中心，聚焦挖掘、桩基础施工等具体场景，开发环境感知、场地测量、仿真规划等作业系统，形成智慧施工、智慧矿山等综合解决方案并实现产业化应用；依托工业物联网、大数据、人工智能等新一代信息技术推动制造业和服务业升级，通过山河祥云工业互联网平台，实现智能设计、智能生产、智能服务等全价值链的应用，打造集研发设计、检验检测、智能制造、售后服务于一体的制造业创新生态圈，由提供产品向提供"产品＋服务"转变，大幅提高向行业提供高水平专业化服务的能力。

（三）落实四个举措

围绕创新驱动发展战略，加强关键核心技术攻关，加速核心零部件、共性关键技术的突破和产业化推广；加强整机和关键零部件的正向设计能力；推进国家技术创新示范企业和企业技术中心建设，争取参与国家科技计划的决策和实施；加强重点领域关键核心技术知识产权储备，构建产业化导向的专利组合和战略布局。全面推行绿色发展理念，强化产品全周期管理，加大先进节能环保技术、工艺和产品的研发力度，加快企业绿色改造升级；积极推行低碳化、循环化和集约化，提高资源高效循环利用；强化产品全生命周期绿色管理，努力构建高效、清洁、低碳、循环的绿色制造体系。加快5G、互联网与产品融合，推进数字化发展，结合5G＋工业互联网、5G＋云化视觉技术，不断探索产业数字化，加速推进服务个性化、体验智慧化，助力数字经济持续增长；通过5G＋航空装备、5G＋智能挖掘机、5G＋无人平台、

5G＋电控部件等应用，实现人机对话、机机互联、机机工况互通，打造人、机、物等要素全面互联的新型应用场景，形成智能化发展的新兴业态和应用模式。全面提升产业基础能力，强化前瞻性基础研究，着力解决影响核心基础零部件（多路阀、油缸、减速机等）产品性能和稳定性的关键共性技术。

二十余载荣光，山河智能在装备制造领域特别是工程装备、特种装备和航空装备三个方面的科技创新让产品在行业中具有很强的技术优势，进而引领公司步入成熟期。"十四五"期间，山河智能更加将创新"基因"根植于企业生命之中，提升高端技术的研发力度和速度，确保研发技术在国内的领先地位，并迅速向国际一线品牌靠拢，为湖南"三高四新"战略实施、打造先进制造业创新高地和高质量发展贡献山河力量。

B.27
论新发展阶段湖南科创的方向、
重点与主要任务

吴金明　马　茜*

摘　要：　党的十九届五中全会擘画了中国"把握新发展阶段、贯彻新
　　　　发展理念、构建新发展格局，推动经济社会高质量发展"即
　　　　"三新一高"的发展新战略，特别是习近平总书记给湖南提
　　　　出的打造"三个高地"、践行"四新使命"的科学指引，为
　　　　新阶段湖南发展提出了更新更高的目标与要求。落实推进
　　　　"三高四新"战略，湖南需要重新认识和准确把握科创方
　　　　向、科创重点和主要科创任务。因此，湖南科创应聚焦长株
　　　　潭引领与产业园区支撑这两个核心空间载体，科创方向应围
　　　　绕发挥湖南的结构性潜能来瞄定，科创重点应围绕支撑先进
　　　　制造业与制造服务业高质量发展来展开，主要科创任务应围
　　　　绕为精密制造与"卡脖子"技术、工艺、产品"双突破"提
　　　　供支撑，为工程机械、轨道交通、航空航天等主要制造产业
　　　　链本地适配率与供应链本地自给率"双提升"提供支撑，为
　　　　实现数字技术制造赋能、低碳技术制造升级"双保障"等方
　　　　面提供支撑。

关键词：　新发展阶段　科技创新　结构性潜能　先进制造业　湖南

---

* 吴金明，博士，中南大学商学院教授；马茜，湖南交通职业技术学院人文旅游学院副研究员。

2021 年是全面开启现代化建设新征程的第一年，是"十四五"开局之年，也是中国共产党成立 100 周年。当前我国已进入新发展阶段，这是以习近平同志为核心的党中央对我国发展的历史方位作出的重大判断。湖南谋划发展、推动工作，必须立足"两个大局"，心怀"国之大者"，准确把握新发展阶段、深入贯彻新发展理念、加快构建新发展格局，找准定位、发挥优势、精准发力，推动经济社会高质量发展，奋力谱写新时代坚持和发展中国特色社会主义湖南科创新篇章。但与兄弟省区不同的是，湖南更肩负着打造"三个高地"、践行"四新使命"的特殊责任，这是习近平总书记从战略和全局高度对湖南作出的科学指引，构成了"十四五"乃至更长时期湖南发展的指导思想和行动纲领。湖南省委十一届十二次全会旗帜鲜明地提出实施"三高四新"战略，这是深刻领会习近平总书记重要讲话精神、综合各方面意见建议、顺应新阶段湖南发展需要作出的重大决策。概括起来，"三高四新"战略是习近平总书记关于湖南工作系列重要讲话指示精神的集中体现，是党的十九届五中全会精神在湖南的细化具体化，实施"三高四新"战略反映了湖南省上下的共同愿望。处于新发展阶段，湖南省需要对科技创新的方向和重点、主要任务进行重新认识与准确把握。

一 科创方向——围绕发挥结构性潜能

从全国来看，国内大循环应注意释放并用好"1 + 3 + 2"的结构性潜能。"1"是指以都市圈、城市群发展为龙头，为下一步中国的中速增长和高质量发展打开空间；"3"是指在实体经济方面要补上我国经济循环过程中新的三大短板，即基础产业效率不高、中等收入群体规模不大、基础研发能力不强；"2"是指以数字经济和绿色发展为两翼。数字经济和绿色发展是全球范围内的一个新的增长潜能。近期欧盟研究疫后重建、经济复苏之时，特别强调数字技术和绿色发展两个动能。这是一个新的增长潜能，也是我国的优势。从湖南来看，打造国家重要的先进制造业高地，也应着眼于湖南的结构性潜能，把准发展定位，强化都市圈核心引领、优化发展布局，突破发展短板。立足湖南实际情况分析，湖南的结构性潜能在于"2 + 3 + 2"。"2"是指深度推进长株潭一体化和促进园区转型升级，发挥长株潭的引领作用和园区的支撑作用。"3"是指突破湖南制造业发展的三个短板与弱项——精密制造与加工、制造业链短链弱和制造服务业滞后。"2"是指围绕制造业突破智能制造和绿色制造两个方面。综上所述，围绕发挥湖南结构性潜能开展科技创新，这是新阶段湖南的基本科创方向。

二 科创重点——围绕发展先进 制造业与制造服务业

一方面，从经济理论可知，由生产性部门产品复杂性所反映的区域生产性能力是所有预测性经济指标中最适合解释区域长期增长前景的指标，而制造业中的专用设备、仪器仪表、医疗器械、化学工业和数控机床等是生产性部门中产品复杂度最高的行业。随着后工业社会的到来，虽然制造业在发达地区的 GDP 占比在下降，但制造业本身所蕴含的生产能力和知识积累是经济长期发展绩效和区域竞争力的关键。另一方面，近十年来，发达国家和地区的经济发展实践表明，虽然制造业占比在降低，但制造服务业占比一直在上升，并决定和提升着区域的核心竞争力。例如，美国制造业之所以能够独步世界，其根本原因在于其拥有发达的制造服务业支撑。2020 年，美国制造业占 GDP 比重为 11%，达到 2.36 万亿美元，制造服务业占美国服务业的60% 以上，占美国 GDP 比重达到 50%，达到 10.7 万亿美元，是制造业的4.5 倍，制造业与制造服务业之和占美国 GDP 的 61%。其中，2018 ~ 2020年三年，美国制造服务业占 GDP 比重分别达到 48%、49% 和 50%。事实上，一个中心城市或都市圈对周边地区的辐射带动作用大小也主要取决于其制造业与制造服务业发达程度，一般地说，制造业和制造服务业越发达、水平越高，其辐射带动作用就越大，反之带动作用就越小。因此，在打造国家重要的先进制造业高地实践中，湖南要进一步提高认识水平，要一手抓制造业特别是基于核心材料、关键工艺和高端装备的复杂制造业（例如精密制造），一手抓制造服务业，要实现制造业和制造服务业"两手抓"。抓好制造业和制造服务业作为今后湖南产业发展的重中之重，应切实抓准、抓实、抓细、抓出成效。显然，湖南科技创新应立足先进制造业与制造服务业这两个重点来展开。但由于受科技投入的限制，只能"有所为有所不为"，重点还必须聚焦到习近平总书记给湖南确定的"国家重要的先进制造业高地"上。

落实习近平总书记指示，打造国家重要的先进制造业高地，就必须弄清楚"哪些制造业是国家重要的先进制造业""这一制造业高地是什么样子"这两个问题。调研发现，存在继续打造 20 个新兴优势产业链、打造"3 + 3 + 2"集群结构、聚焦打造"3 个世界级产业集群"、"长株潭地区协同打造 10 个产业集群"构想等多种不同的认识。由此，制造业的选择和高地的打造应符合以下五个条件：必须是立足国家层面且排名全国前列的制造业；必须是对全国带动力强、国内国际"双循环"市场规模大的制造业链群；必须是制造装备与工艺精度高且加工难度大的制造业；必须是采用新技术手段实现数字化、绿色化与全寿命周期制造相融合的制造业；制造业的"产业生态位"必须处于全球价值与技术网络的"核心节点位"，是致力于突破"硬壳技术"，实现"卡脖子"技术、工艺和产品的进口替代的制造业。上述五个条件，既是选择产业的要求，也是打造先进制造业高地的目标，湖南需要据此选择好打造制造业高地的产业。

选定好特定产业开展科创支撑，这只是第一步，还必须弄清楚打造高地的目标要求，才能进一步界定科创的重点。落实习近平总书记指示，打造国家重要的先进制造业高地，湖南省委实时做出了部署安排："十四五"期间，全省规模工业制造业年均增速 8% 以上，比"十三五"时期（年均 6.9%）要高出 1.1 个百分点以上；2025 年制造业增加值占 GDP 比重高于全国平均水平，2020 年全国这一水平为 27.4%，长株潭只有 27%；2025 年先进制造业占全部制造业比重达到 60% 以上，比 2020 年增加 10 个百分点以上；突破一批"卡脖子"技术、产品与工艺，打造 1～2 家世界 500 强企业；形成工程机械、轨道交通、航空动力三大世界级产业集群和智能终端、信创、新能源及智能网联汽车、先进材料等领域若干国内一流的重要生产基地。从现实基础看，湖南达成上述预期目标的难度比较大，特别是在第2、第4项目标任务上，需要全省做出较大努力。从省委对长株潭一体化的部署看，到2025年，长株潭GDP达到2.5万亿元以上，先进制造业增加值占制造业比重达75%以上，高新技术企业数达1万家，高新技术产业增加值占GDP比重达35%，形成3个世界级产业集群，成功构建长沙"四小时航空经济圈"。长株潭地区实现上述目标的难点在先进制造业占比和形成航空动力世界级产业集群这两大任务上。因此，需要聚集全省的智慧和力量，更需要全省铆足干劲、持之以恒地创新与拼搏方能奏效；当然，打造这样的高地也是全省人民的共同伟业，但主要还得依靠长株潭都市圈的引领，因而长株潭使命光荣，责任重大。

三　科创空间——把准长株潭引领和园区支撑两大科创空间

由于都市圈、城市群能产生更高的集聚效应和更高的要素生产率，所以今后十年，中国70%～80%的经济增长潜能都将来自这一范围。目前人口流动已经反映出这样的规律。《中华人民共和国国民经济和社会发展第十四个五年规划和2035年远景目标纲要》也指出：推动长江中游城市群协同发展，加快武汉、长株潭都市圈建设，打造全国重要增长极。长株潭一体化发展不仅由"省域战略"上升到了"国家战略"，而且是发展思路的重大转变。湖南要深入贯彻落实中发〔2021〕12号、省委〔2021〕7号、湘发〔2020〕11号文件精神和长株潭一体化发展五年行动计划，要在大力推进长株潭一体化基础上，更加重视中心城市的功能提升和都市圈的功能互补，着力提升长沙经济与人口首位度，并做实"两廊一心"，把都市圈打造成"三个高地"的先行引领区，特别是科创的主战场。为此提出以下几点建议。一是发力湘江东岸，构筑长株潭岳产业走廊，打造国家先进制造高地的"先行区"；扩容提质湘江西岸，构筑长株潭衡科创科教走廊，打造具有核心竞争力科创高地的"领头雁"。二是聚焦建设"绿心中央公园",内置若干高端特色小镇,打造高端人才与高端制造服务业机构集聚高地,连接湖南自贸"三个片区",构筑融入长江经济带、对接粤港澳大湾区的国际投资贸易走廊,打造内陆地区改革开放高地的"试验田"。三是配合"两廊一心"建设,适度调整行政区划,建设长沙北港,做大湘江新区,拓展长沙发展空间,加快申建国家中心城市,推进长株潭深度发展。四是调整优化城市公共服务资源的配置指向,积极主动将优质教育、医疗、文化、公交、养老等公共服务资源向"两廊一心"特别是制造产业园和制造服务业园区集聚。

发挥制造园区的科创支撑作用,打造建设国家重要先进制造业高地的科创主阵地。园区是实施"三高四新"战略的主战场,产业项目建设是实施"三高四新"战略的重要抓手。产业园区的先进制造集中度、创新"浓度"、开放程度都是全省最高的,但与打造"三个高地"要求相比,与全国平均水平相比,与高质量发展要求相比,湖南还有较大差距。比如湖南国家级高新区的研发经费投入强度和高新技术企业数量低于全国平均水平,国家级经开区的平均进出口额也低于全国平均水平等。总体来看,湖南园区发展有基础、有优势、有差距。湖南经济发展的最大亮点在园区、最大变化在园区、最强动力在园区,未来最大潜力也在园区。因此,在发展过程中,决策者要直面问题、正视差距,加快转型升级、提质增效,把园区建设成为全省经济高质量发展的样板区。为此提出以下几点建议。一是以"两新三电"、电气技术、信息技术(含 PCB)等优势领域为重点,突出特定产业方向、特优园区主体、特强产业生态,部署一批特色园区。围绕核心零部件如液压元器件、传动部件等,在已具备一定产业基础的园区规划建设一批专业产业园,通过以商招商、以产业链招商、以投招商等多种方式实现专业产业园的健康发展。二是综合运用财税、金融等政策工具,加快推广 PBOS 模式,推进园区市场化,实现在缩减政府平台的同时扩大社会资本平台。加大政府对园区标准厂房利用率、亩均产出、园区制造业和制造服务业占比、新基建投建强度等指标的考核,实行超常规的奖补制度。三是编制全省特色制造业分布地图并动态调整，摸清全省各园区特色制造业分布和产能、效益与行业地位等情况，推荐有投资意向企业入驻最适宜的园区，推动由"以园区适应项目"转变为"以项目匹配园区"，避免园区之间恶性竞争。

四 主要任务——为"双突破""双提升""双保障"提供支撑

（一）"双突破"：突破精密制造和突破"卡脖子"技术、工艺、产品

1. 突破精密制造与加工技术及工装，形成湖南制造业"新标高"

基于材料、工艺和装备的精密制造与加工等制造业的"皇冠"，全力争取和推动在相关领域中有所突破。整合"装备综合保障国防科技重点实验室""高性能复杂制造国家重点实验室""超精密加工技术省重点实验室"等平台资源，组建精密制造与加工创新湖南实验室，围绕重点产业和关键技术建立形成系统、科学、完整、协同、共生的精密制造体系，为国家精密制造相关领域发展提供支撑；积极申报基于材料与工艺的高性能精密制造国家重大科技专项；主动承接高精密螺旋锥齿轮集成开发及产业化、空天探测制导光学系统高性能超精密制造、高性能光学铝镜与材料超精密制造等项目任务，打破国外技术垄断，提升精密制造水平；完善精密制造标准体系和技术法规，支持关键标准的研究验证和宣传推广；加大法定计量机构和第三方校准机构的能力建设，建立有效的溯源体系，保证精密仪器设备的量值准确可靠。

2. 突破"卡脖子"技术、工艺与产品，推进制造业迈入高端

长株潭虽然在智能制造领域起步较早，有较好的基础和优势，但仍面临部分关键共性技术和核心装备受制于人、被"卡脖子"的隐忧问题。例如，在高性能碳纤维，硅基量子点激光器，碳基生物等先进传感器件，高端装备用特种合金，8英寸集成电路成套装备，第三、四代半导体，工程机械高端

254

液压元器件，区块链底层技术，大型掘进机主轴承，工程机械数字样机及孪生技术等重点产业发展的关键领域、引领未来发展的核心技术上还有"卡脖处""断链点"，处于产业核心关键环节的支配性企业不多。建议围绕航空动力、工程机械、轨道交通、光学设备、芯片研制、先进储能等行业，以关键材料、核心技术、关键工艺等为着力点，整合战略科研力量进行攻关。做大做强国家先进轨道交通装备创新中心，学习借鉴美、德和我国青岛等地创新中心运营模式，创新管理模式和运营机制，推动机构扩容、用地扩规，扩大创新中心范畴。对标长沙马栏山视频文创产业园，加大政策支持力度，完善科技园区基础设施建设，塑造与世界级产业集群形象相符的科创高地。由省内外大中型行业龙头与骨干配套企业以及部分高校、科研院所共同参与，组建全国性工程机械制造业创新中心，以构建行业科技创新能力为核心，以行业共性关键技术研发供给、技术扩散、创新人才培养、国际交流合作等为重点，致力于打造工程机械行业创新生态系统的网络组织。

（二）"双提升"：提升制造业主链本地适配率、提升制造业辅链本地自给率

1. 为制造业主链补链延链强链提供科创支撑，提高制造产业链本地适配率

2020 年，湖南制造业税收收入 1393 亿元，占产值比重为 12.6%，比全国平均水平低 4.4 个百分点，比中部地区也低了 1 个百分点。据湖南省财政厅调查反馈，长株潭 9 家头部企业中仅 2 家省内配套率超过 50%，航发南方工业省内配套率最高，达到 93% 以上且供应商基本为航发系企业；株洲北汽、铁建重工的省内配套率仅有 7.2% 和 4.2%。调研发现，许多企业本地配套基本属于"低端配套"，零部件供应"高端在外"。工程机械、轨道交通、航空航天、汽车制造、电力装备等部分行业龙头企业在湖南省配套的"比例畸低"、供应链"高端在外"、产业链"头重脚轻"和税收"两头吃亏"等问题突出。上游配套产品和大量中间产品特别是附加值高的高端配套产品大量从外省购进，导致销售收入中省内增加值占比不高，是湖南增值税税额逆差较大、税源流失的重要原因。把支持先进制造业供应链发展，增

强关键零部件省内配套能力，提高先进制造业财税贡献作为重点，实施关键零部件补链五年行动计划，支持先进制造业配套产业园区发展。围绕产业基础再造工程，依托行业协会、产业促进机构、创新中心等平台凝练一批产业基础领域的重大科技攻关项目，整合原材料企业、零部件加工企业、整机生产企业、科研院所科研力量联合攻关，实现原材料特别是装备制造业用钢的本地化供给，为吸引零部件企业的本地化集聚创造条件。

2. 为提升制造业辅链特别是制造服务链的本地自给率提供支撑

聚焦园区产业链不完善、生产性服务业配套不足的共性问题，打造一批制造业与生产性服务业融合发展的平台载体；改变制造业智能化改造与数字化赋能尚停留在龙头企业"点状"探索与"碎片化"分布的情况，推动制造业由"点状"智能化向"链群"智能化转变；积极探索制造服务业发展新模式，重点探索优势原材料工业、装备制造业等重点行业领域与服务业融合发展新业态、新模式、新路径。建议建设长株潭制造服务业示范区，重点发展五类制造服务业：一是大力发展研究开发、技术转移、知识产权、科技咨询等科技服务业；二是加快长株潭都市圈装备制造业大数据共享平台建设，推动资源高效利用和价值共享；三是大力发展合同能源管理、节能诊断、节能技术改造咨询、环境污染第三方治理、环境综合治理托管服务、节能环保融资等服务业；四是加快形成制造业智慧供应链体系，推动制造物流业、智慧物流业和绿色物流业发展；五是搭建以区块链技术和物联网技术为支撑的产业金融服务平台，实现制造产业链上下游企业整体增信，逐步缓解链上中小企业"融资难、融资贵"问题。

（三）"双保障"：保障数字技术赋能制造业和保障低碳技术升级制造业

1. 推进数字技术全方位赋能制造业，为助推"湖南智造"提供保障

依托行业龙头和骨干企业，全面开展数字化、网络化、智能化集成应用创新，促进研发设计、生产制造、经营管理等业务流程优化升级。大力发展工业互联网平台，推动上下游企业共建安全、可信、高质量的工业数据空

间，强化龙头企业平台化的产业生态主导力。加大对企业智能化改造和数字化转型的支持力度，重点打造一批制造业数字化转型标杆示范，逐步向全行业、全领域拓展推广。支持企业自主开发、联合开发数字化融合新产品，推动企业对生产设施、工艺条件及生产服务等进行智能化技术改造，鼓励金融机构推出专项金融产品，大力培育区块链湘军，推广普及成熟的"区块链+制造"案例。

2. 促进制造业绿色化转型升级，为推动"低碳制造"提供技术保障

以工程机械、轨道交通、石化、电子信息等高耗能制造业为重点，制定重点行业碳排放率先达峰目标和行动方案，加快探索创新碳排放市场交易机制。控制煤炭消费总量，优先发展非化石能源，推动省际可再生能源电力直供。减量置换高能耗产能，实施工业领域降碳改造，培育低碳高端制造业。引导重点制造业企业积极参与全国碳排放权交易。大幅调整产品结构，加快工程机械氢能制备、氢能轨道交通、氢能汽车等产品布局，鼓励市场主体积极投身于氢能产业，推动产品结构绿色化调整与优化。

附　录

Appendix

B.28
2020年湖南科技创新发展大事记

1月10日 2019年度国家科学技术奖励大会在北京人民大会堂隆重举行，习近平出席大会并为最高奖获得者等颁奖。2019年度国家科学技术奖共评选出296个项目和12名科技专家，湖南31个项目获奖，占全国获奖总数的1/10，创近年来最好成绩。主持完成15项，其中，自然科学二等奖3项；技术发明二等奖3项；科技进步一等奖1项，二等奖8项（含专用项目3项）。参与完成16项，其中，技术发明二等奖2项；科技进步特等奖1项，一等奖2项，二等奖11项。

1月21日 威胜信息技术股份有限公司在上海证券交易所科创板上市，成为湖南首家科创板上市企业。

2月17日 湖南省科学技术厅公示抗击新冠肺炎疫情应急专项首批立项项目。首批拟立项项目共21项，主要支持疫情防控技术集成示范、防控装备研发应用、监测体系建设、病原检测的新技术方法及产品研发与应用等4个方向。

2月20日 湖南省科学技术厅印发《关于疫情防控期间支持科技企业

创新发展若干举措的通知》。

3月11日　湖南省委全面深化改革委员会第六次会议审议通过《关于进一步深化科研院所改革推动创新驱动发展的实施意见》。主要围绕统筹考虑事业单位改革、理顺部门主管关系、激发内生动力与活力、转制科研院所历史遗留问题等四个方面，明确了17项具体举措。

3月20日　湖南省区域性股权市场科技创新专板正式开板，首批16家企业集体挂牌。

3月31日　湖南省十三届人大常委会第十六次会议表决通过了《湖南省长株潭国家自主创新示范区条例》，自2020年7月1日起施行。

4月9日　湖南省委办公厅、省政府办公厅印发《关于2019年度脱贫攻坚工作考核结果的通报》，湖南省科学技术厅被评为"2019年度脱贫攻坚工作先进单位"。

4月14日　湖南省科学技术厅与建设银行湖南省分行签署全面战略合作协议。湖南省科学技术厅党组书记、厅长童旭东，建行湖南省分行行长文爱华出席仪式并致辞。湖南省科学技术厅党组副书记、副厅长贺修铭和建行湖南省分行副行长戴建军代表双方签订全面战略合作协议。

4月20日　湖南"柳枝行动众创空间"等14家众创空间入选2019年度国家备案众创空间。

4月23日　湖南省科学技术厅发布全省首个专门面向小学生的防疫科普微视频《小学生返校科学防疫公开课》。

5月18日　岳麓山种业创新中心在长沙挂牌成立。袁隆平院士，湖南省政府副省长朱忠明，中信农业总经理、隆平高科董事长毛长青，湖南省政府副秘书长陈仲伯，湖南省科学技术厅党组书记、厅长童旭东共同为中心揭牌。

5月20日　湖南省部共建木本油料资源利用国家重点实验室获批建设，实验室依托单位为湖南省林业科学院。

6月10日　湖南省科技创新奖励大会在长沙召开。省委书记杜家毫出席大会并为获奖代表颁奖，省委副书记、省长许达哲讲话。会议表彰了

2019 年度湖南省科学技术奖，287 项获奖项目（团队、人选）中，自然科学奖 74 项，技术发明奖 26 项，科学技术进步奖 180 项，科学技术创新团队奖 3 项，国际科学技术合作奖 3 人。中国工程院院士、中南大学湘雅医院终身教授周宏灏获得科学技术杰出贡献奖。

6 月 22 日 湖南省委副书记、省长许达哲主持召开国家可持续发展议程创新示范区建设协调推进小组第二次会议。他强调，要坚持以习近平生态文明思想为指导，认真落实国务院批复要求，将示范区建设与决胜全面小康、决战脱贫攻坚紧密结合起来，一年接着一年干，努力探索可持续发展经验和模式，打造引领高质量发展的重要引擎。副省长朱忠明，省政协副主席、郴州市委书记易鹏飞，省政府秘书长王群出席。

6 月 28 日 湖南国家应用数学中心揭牌仪式在湘潭大学举行，这标志着湖南数学界的第一个国家级平台正式落户湖湘大地。湖南省副省长朱忠明出席讲话并为中心揭牌。

7 月 11 日 刘良院士专家工作站授牌暨启动仪式在长沙举行。湖南省政协主席李微微出席并宣布工作站正式启动，中国工程院院士、澳门科技大学校长刘良，副省长朱忠明，省政协副主席胡旭晟，省政协副主席、怀化市委书记彭国甫，省政协秘书长卿渐伟出席。

7 月 16 日 湖南省科技成果与技术市场协会入选第二批国家技术转移人才培养基地名单。

7 月 22 日 湖南省科技创新工作推进会议在长沙召开，总结回顾 2019 年以来全省科技创新工作情况，分析当前科技创新工作面临的新形势新要求，研究部署下阶段全省科技创新重点工作，高质量推进创新型省份建设。副省长朱忠明出席并讲话，省政府副秘书长季心诠主持会议，湖南省科学技术厅党组书记、厅长童旭东作全省科技创新工作报告。

8 月 18 日 2020 年全国科普讲解大赛预选赛暨 2020 年湖南省科普讲解大赛在长沙举行。来自全省科普场馆、医院、学校、企业等单位（行业）的 34 位优秀科普讲解员参赛。

8 月 23～31 日 2020 年全国科技活动周举行。湖南开展了全国科普重大示范活动"科技列车怀化行",以及"科普讲解大赛""科学之夜""人工智能与创新教育思想汇"等系列科普活动。

8月27日 国家统计局、科技部、财政部联合发布2019年全国科技经费投入统计公报。湖南R&D经费为787.2亿元,R&D经费投入强度为2.0%,较上年提高0.17个百分点。

9月16~18日 习近平在湖南考察,要求湖南着力打造国家重要先进制造业、具有核心竞争力的科技创新、内陆地区改革开放的高地,在推动高质量发展上闯出新路子,在构建新发展格局中展现新作为,在推动中部地区崛起和长江经济带发展中彰显新担当,奋力谱写新时代坚持和发展中国特色社会主义的湖南新篇章。

9月24日 湖南省副省长朱忠明在湖南省科学技术厅开展科技创新工作调研,实地参观了长株潭国家自主创新示范区建设成果,并主持召开座谈会,听取湖南省科学技术厅围绕习近平总书记在湖南考察时的重要讲话精神贯彻落实,做好当前和"十四五"期间科技创新工作情况汇报。

9月29日 长株潭国家自主创新示范区成果展(2015~2020)开展仪式在长沙举行。省委书记杜家毫,省委副书记、省长许达哲出席开展仪式并参观展览。省领导乌兰、胡衡华、张剑飞、朱忠明一同观展。成果展设工程机械与轨道交通装备、新一代信息技术、深海深地深空及新材料4个展区,共129件展品,集中展示了自创区获批建设5年多来取得的重大创新成果。

10月13日 科技部发布2020年国家高新技术产业化基地认定通知,浏阳国家再制造高新技术产业化基地、岳阳临港国家先进装备制造高新技术产业化基地成功获批。至此,湖南已有21家国家高新技术产业化基地。

10月13日 湖南省科学技术厅与中国邮政储蓄银行湖南省分行举行全面战略合作协议签约仪式。省政府副秘书长季心诠出席仪式并见证签约,省科学技术厅党组书记、厅长童旭东,邮储银行湖南省分行党委书记、行长刘宏海致辞,省科学技术厅党组副书记、副厅长、一级巡视员贺修铭,邮储银行湖南省分行副行长田永利签约,省地方金融监管局、银保监会湖南监管局等单位负责人参加仪式。

10 月 23 日　湖南和宁夏科技合作交流会暨湘宁两省区科技合作框架协议签约仪式在长沙举行。湖南省政府副省长朱忠明、宁夏回族自治区政府副主席吴秀章出席并讲话。湖南省科学技术厅党组书记、厅长童旭东，宁夏回族自治区科学技术厅党组书记、厅长郭秉晨代表双方进行签约。根据协议，湖南和宁夏将在开展重大关键技术攻关、推动优势特色农业发展、拓展社会发展领域合作、深化科技创新平台合作、促进成果转移转化、加强人才培养与交流等 6 个方面开展深入合作。

10 月 28 日　2020 年湖南省创新创业大赛总决赛在长沙举行，湖南省副省长朱忠明出席颁奖仪式并讲话。本次大赛共吸引了 2321 家企业报名参赛，参赛项目涵盖新一代信息技术、生物等七大战略性新兴产业。

11 月 5 日　湖南省委副书记、省长许达哲主持召开长株潭国家自主创新示范区建设工作领导小组第三次会议。副省长朱忠明，省政府秘书长王群出席。省科学技术厅党组书记、厅长童旭东汇报自创区建设情况以及请求审议的事项。会议原则通过《长株潭国家自主创新示范区建设三年行动方案（2020～2022 年）》《关于贯彻落实〈湖南省长株潭国家自主创新示范区条例〉的分工方案》《关于明确长株潭国家自主创新示范区政策覆盖范围的方案》《关于调整长株潭国家自主创新示范区建设工作领导小组成员的方案》。

11 月 11 日　湖南省委书记杜家毫主持召开科技领域专家座谈会，继续就湖南"十四五"规划编制听取意见和建议。他强调，要始终坚持把创新摆在现代化建设全局中的核心地位，把服务国之大者与发挥湖南优势结合起来，着力打造具有核心竞争力的科技创新高地。省委副书记、省长许达哲出席。省领导张剑飞、朱忠明参加座谈。

11 月 16 日　湖南省科学技术厅主编的《湖南创新发展蓝皮书——2020 年湖南科技创新发展报告》由社会科学文献出版社出版发行。本书是湖南省首次组织编写的科技创新发展年度性报告，包括主题报告、总报告、专题报告篇、评价报告篇、案例篇、调查研究报告篇和附录七个部分，总字数 32.2 万字，囊括了省委、省政府领导、4 位"两院"院士、15 位省直部门负责人、37 位国内省内知名专家学者对湖南创新型省份建设和科技创新发展的思考和建议。

11月19日 湖南省政府副省长朱忠明主持召开省加大全社会研发经费投入工作第四次联席会议，回顾梳理"十三五"以来全省加大全社会研发经费投入工作情况，讨论研究下一步推进的重点工作。省政府副秘书长季心诠出席会议。

11月20日 由湖南工商大学校长、中国工程院院士陈晓红教授牵头申报的国家基础科学中心项目"数字经济时代的资源环境管理理论与应用"正式获批，成为湖南省首个国家基础科学中心。

11月26日 湖南（郴州）国家可持续发展议程创新示范区建设专家咨询指导委员会成立大会暨第一次工作会议在郴州召开，全国政协教科卫体委员会副主任、科技部原副部长曹健林，中国工程院院士柴立元等28位专家受聘为专家咨询指导委员会委员，曹健林任主任委员。省政府副省长朱忠明出席会议并讲话，省科学技术厅党组书记、厅长童旭东主持会议，郴州市委副书记、市长刘志仁致辞，省政府副秘书长季心诠宣读批准专家咨询委员会成立通知。

12月1日 湖南省委宣传部、省科学技术厅联合印发《湖南省培育世界一流湘版科技期刊建设工程实施方案（试行）》，在全国率先启动科技期刊建设工程。

12月3日 《湖南省区域科技创新能力评价报告2020》正式发布。长沙、株洲和湘潭科技创新能力综合得分均在80分以上，占据榜单前三位，形成全省科技创新"第一梯队"，衡阳、岳阳、常德、益阳紧跟"长株潭"脚步，成为新崛起的区域科技创新中心。

12月9日 科技部办公厅下发《关于开展第九批国家农业科技园区建设的通知》，益阳获批国家农业科技园区，湖南国家农业科技园区达到13家。

12月7日 毛伟明在湖南省科学技术厅调研。他强调，要深入贯彻习近平总书记考察湖南重要讲话精神以及关于科技创新的重要论述，认真落实省委全会部署，大力实施"三高四新"战略，组织实施好科技创新重大计划，为建设现代化新湖南贡献科技智慧和力量。副省长朱忠明，省政府秘书长王群参加调研。

12 月 18 日 湖南省 2020 年获国家自科基金项目经费再创新高。共获资助项目 1437 项，经费总金额 8.32 亿元，分别较去年增长 2.4%、8.9%。国家基础科学中心项目实现零的突破，获得杰出青年科学基金项目 6 项、优秀青年科学基金项目 12 项。

12 月 26 日 科技部和中国科技信息研究所发布《国家创新型城市创新能力监测报告 2020》《国家创新型城市创新能力评价报告 2020》。长沙、株洲、衡阳在全国 72 个国家创新型城市中分别排名第 8、41、66。

12 月 28 日 《湖南省高新区创新发展绩效评价研究报告 2020》在长沙正式发布。2019 年，全省排名前三的国家高新区分别为长沙高新区、株洲高新区、益阳高新区；排名前三的省级高新区分别为宁乡高新区、岳麓高新区、平江高新区。排名进位最快的是张家界高新区，综合排名第 11 名，进位 19 名。

12 月 31 日 长沙宁乡高新区储能材料特色产业基地核定为国家火炬特色产业基地。

科技部公布 2020 年国家野外科学观测研究站择优建设名单，湖南洞庭湖湿地生态系统野外科学观测研究站榜上有名，湖南国家野外科学观测研究站增至 5 个。

社会科学文献出版社

皮 书

智库成果出版与传播平台

❖ 皮书定义 ❖

皮书是对中国与世界发展状况和热点问题进行年度监测,以专业的角度、专家的视野和实证研究方法,针对某一领域或区域现状与发展态势展开分析和预测,具备前沿性、原创性、实证性、连续性、时效性等特点的公开出版物,由一系列权威研究报告组成。

❖ 皮书作者 ❖

皮书系列报告作者以国内外一流研究机构、知名高校等重点智库的研究人员为主,多为相关领域一流专家学者,他们的观点代表了当下学界对中国与世界的现实和未来最高水平的解读与分析。截至2021年底,皮书研创机构逾千家,报告作者累计超过10万人。

❖ 皮书荣誉 ❖

皮书作为中国社会科学院基础理论研究与应用对策研究融合发展的代表性成果,不仅是哲学社会科学工作者服务中国特色社会主义现代化建设的重要成果,更是助力中国特色新型智库建设、构建中国特色哲学社会科学"三大体系"的重要平台。皮书系列先后被列入"十二五""十三五""十四五"时期国家重点出版物出版专项规划项目;2013~2022年,重点皮书列入中国社会科学院国家哲学社会科学创新工程项目。

皮书网

（网址：www.pishu.cn）

发布皮书研创资讯，传播皮书精彩内容
引领皮书出版潮流，打造皮书服务平台

栏目设置

◆ 关于皮书

何谓皮书、皮书分类、皮书大事记、
皮书荣誉、皮书出版第一人、皮书编辑部

◆ 最新资讯

通知公告、新闻动态、媒体聚焦、
网站专题、视频直播、下载专区

◆ 皮书研创

皮书规范、皮书选题、皮书出版、
皮书研究、研创团队

◆ 皮书评奖评价

指标体系、皮书评价、皮书评奖

◆ 皮书研究院理事会

理事会章程、理事单位、个人理事、高级
研究员、理事会秘书处、入会指南

所获荣誉

◆ 2008 年、2011 年、2014 年，皮书网均
在全国新闻出版业网站荣誉评选中获得
"最具商业价值网站"称号；
◆ 2012 年，获得"出版业网站百强"称号。

网库合一

2014 年，皮书网与皮书数据库端口合
一，实现资源共享，搭建智库成果融合创
新平台。

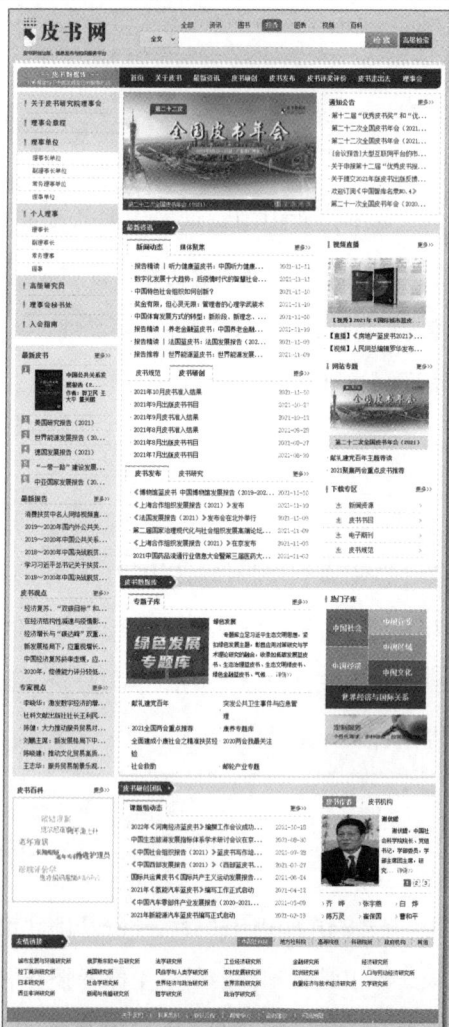

皮书网　　　　"皮书说"　　　皮书微博
　　　　　　　微信公众号

权威报告·连续出版·独家资源

皮书数据库
ANNUAL REPORT(YEARBOOK)
DATABASE

分析解读当下中国发展变迁的高端智库平台

所获荣誉

- 2020年，入选全国新闻出版深度融合发展创新案例
- 2019年，入选国家新闻出版署数字出版精品遴选推荐计划
- 2016年，入选"十三五"国家重点电子出版物出版规划骨干工程
- 2013年，荣获"中国出版政府奖·网络出版物奖"提名奖
- 连续多年荣获中国数字出版博览会"数字出版·优秀品牌"奖

皮书数据库   "社科数托邦"
                   微信公众号

成为会员

登录网址www.pishu.com.cn访问皮书数据库网站或下载皮书数据库APP，通过手机号码验证或邮箱验证即可成为皮书数据库会员。

会员福利

- 已注册用户购书后可免费获赠100元皮书数据库充值卡。刮开充值卡涂层获取充值密码，登录并进入"会员中心"—"在线充值"—"充值卡充值"，充值成功即可购买和查看数据库内容。
- 会员福利最终解释权归社会科学文献出版社所有。

数据库服务热线：400-008-6695
数据库服务QQ：2475522410
数据库服务邮箱：database@ssap.cn
图书销售热线：010-59367070/7028
图书服务QQ：1265056568
图书服务邮箱：duzhe@ssap.cn

社会科学文献出版社 皮书系列
SOCIAL SCIENCES ACADEMIC PRESS (CHINA)

卡号：491783381844
密码：

S 基本子库
UB DATABASE

中国社会发展数据库（下设 12 个专题子库）

　　紧扣人口、政治、外交、法律、教育、医疗卫生、资源环境等 12 个社会发展领域的前沿和热点，全面整合专业著作、智库报告、学术资讯、调研数据等类型资源，帮助用户追踪中国社会发展动态、研究社会发展战略与政策、了解社会热点问题、分析社会发展趋势。

中国经济发展数据库（下设 12 专题子库）

　　内容涵盖宏观经济、产业经济、工业经济、农业经济、财政金融、房地产经济、城市经济、商业贸易等 12 个重点经济领域，为把握经济运行态势、洞察经济发展规律、研判经济发展趋势、进行经济调控决策提供参考和依据。

中国行业发展数据库（下设 17 个专题子库）

　　以中国国民经济行业分类为依据，覆盖金融业、旅游业、交通运输业、能源矿产业、制造业等 100 多个行业，跟踪分析国民经济相关行业市场运行状况和政策导向，汇集行业发展前沿资讯，为投资、从业及各种经济决策提供理论支撑和实践指导。

中国区域发展数据库（下设 4 个专题子库）

　　对中国特定区域内的经济、社会、文化等领域现状与发展情况进行深度分析和预测，涉及省级行政区、城市群、城市、农村等不同维度，研究层级至县及县以下行政区，为学者研究地方经济社会宏观态势、经验模式、发展案例提供支撑，为地方政府决策提供参考。

中国文化传媒数据库（下设 18 个专题子库）

　　内容覆盖文化产业、新闻传播、电影娱乐、文学艺术、群众文化、图书情报等 18 个重点研究领域，聚焦文化传媒领域发展前沿、热点话题、行业实践，服务用户的教学科研、文化投资、企业规划等需要。

世界经济与国际关系数据库（下设 6 个专题子库）

　　整合世界经济、国际政治、世界文化与科技、全球性问题、国际组织与国际法、区域研究 6 大领域研究成果，对世界经济形势、国际形势进行连续性深度分析，对年度热点问题进行专题解读，为研判全球发展趋势提供事实和数据支持。

法律声明

"皮书系列"（含蓝皮书、绿皮书、黄皮书）之品牌由社会科学文献出版社最早使用并持续至今，现已被中国图书行业所熟知。"皮书系列"的相关商标已在国家商标管理部门商标局注册，包括但不限于LOGO（▧）、皮书、Pishu、经济蓝皮书、社会蓝皮书等。"皮书系列"图书的注册商标专用权及封面设计、版式设计的著作权均为社会科学文献出版社所有。未经社会科学文献出版社书面授权许可，任何使用与"皮书系列"图书注册商标、封面设计、版式设计相同或者近似的文字、图形或其组合的行为均系侵权行为。

经作者授权，本书的专有出版权及信息网络传播权等为社会科学文献出版社享有。未经社会科学文献出版社书面授权许可，任何就本书内容的复制、发行或以数字形式进行网络传播的行为均系侵权行为。

社会科学文献出版社将通过法律途径追究上述侵权行为的法律责任，维护自身合法权益。

欢迎社会各界人士对侵犯社会科学文献出版社上述权利的侵权行为进行举报。电话：010-59367121，电子邮箱：fawubu@ssap.cn。

社会科学文献出版社